JN116848

ガイダンス

無料 YouTube

1級施工管理技術検定試験の第一次検定試験における「基礎能力」と第二次検定試験における「管理知識」とは、いずれも五肢二択や五肢一択（予測）などマークシートを用いるもので、その内容は技術的に区分することは困難である。新分野の第一次検定試験と第二次検定試験ともに似た内容と考えられる。全体的な構成（予測）は次のようである。

「監理技士補」のための試験

第一次検定	知識問題（四肢一択）	**新能力問題（五肢二択）**
	専門・施工管理・法規	**基礎能力**

「監理技士」のための試験

第二次検定	**新知識問題（五肢一択）**	実地問題（記述式）
	管理知識	施工管理応用能力

本テキストは、第一次検定の「基礎能力」と第二次検定の「管理知識」の技術的な施工管理のポイントを集約して一括表記したものと具体的な五肢問題等を演習問題で学習できるようにしたものである。

特に重要な点は、第一次検定試験において「基礎能力」において**60%以上の得点**を取得しなければ、その時点で不合格になることが新聞で報道されている。明確な合格基準は明示されていないが、まず第一次検定の「基礎能力」問題五肢二択で60%以上の正解となるよう努力する必要がある。

GET 教育工学研究所では、過去の施工管理の問題を分析し、具体的演習問題を通じて自学自習できるように工夫しました。

GET 研究所

新分野　テキスト学習項目案内

無料 YouTube

<table>
<tr><th>テキスト</th><th>建築</th><th>土木</th><th>電気工事</th><th>管工事</th><th>電気通信工事</th></tr>
<tr><td>第１章</td><td>仮設計画
一括要約
問題・解説</td><td>土工
一括要約
問題・解説</td><td>品質管理
一括要約
問題・解説</td><td rowspan="2">第Ⅰ編　要約
施工要領図
空調要約
給排水要約
ネットワーク
第Ⅱ編 問題･解説</td><td>計画
一括要約
問題・解説</td></tr>
<tr><td>第２章</td><td>解体工事
一括要約
問題・解説</td><td>コンクリート工
一括要約
問題・解説</td><td>安全管理
一括要約
問題・解説</td><td>安全管理
一括要約
問題・解説</td></tr>
<tr><td>第３章</td><td>仕上げ工事
一括要約
問題・解説</td><td>品質管理
一括要約
問題・解説</td><td>工程管理
一括要約
問題・解説</td><td rowspan="2">施工要領図
空調
給排水
ネットワーク
第Ⅲ編　資料
（動画解説なし）</td><td>工程管理
一括要約
問題・解説</td></tr>
<tr><td>第４章</td><td>工程管理
ネットワーク
問題・解説</td><td>安全管理
一括要約
問題・解説</td><td>電気工事用語
一括要約
問題・解説</td><td>電気通信工事用語
一括要約
問題・解説</td></tr>
<tr><td>第５章</td><td></td><td>施工計画
一括要約
問題・解説</td><td></td><td></td><td></td></tr>
<tr><td>合格基準
新分野</td><td>◉ 60％以上</td><td>◉ 60％以上</td><td>◉ 50％以上</td><td>◉ 50％以上</td><td>◉ 40％以上</td></tr>
<tr><td>全体</td><td>60％以上</td><td>60％以上</td><td>60％以上</td><td>60％以上</td><td>60％以上</td></tr>
</table>

無料　動画サービス期間　令和４年３月末日（予定）

目　次

無料 YouTube 動画講習 受講手順

http://www.get-ken.jp/

GET研究所 検索

← スマホ版無料動画コーナー QRコード

URL https://get-supertext.com/

（注意）スマートフォンでの長時間聴講は、Wi-Fi 環境が整ったエリアで行いましょう。

GET WEB 講習

http://www.get-ken.jp/

GET研究所 検索

①

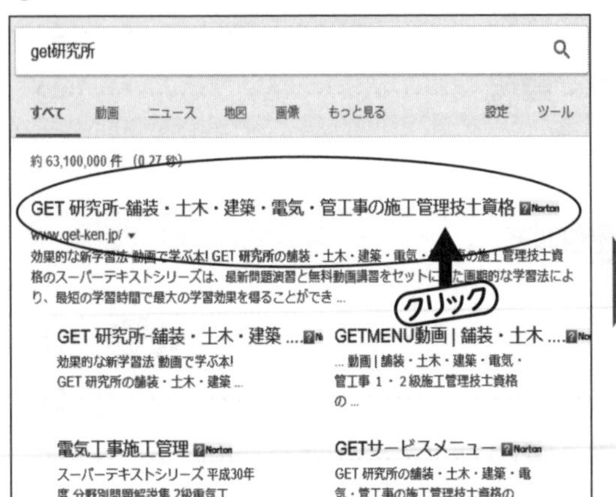

②

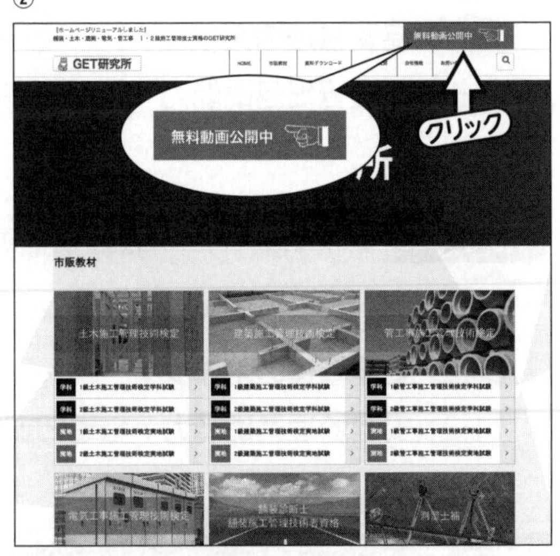

動画と本テキストの内容に相違がある時は、本テキストが優先します。
動画解説は学び方を学習するもので体系の把握が目的です。

第1章 土工基礎能力・管理知識

1-1 土工の要約

1 盛土材料の基準

■ PI：塑性指数

良質土　PI≦10
不良土　PI＞10

■ 不良土の対策

セメント石灰安定処理
ジオテキスタイル補強
含水量調節（脱水・散水）

2 軟弱地盤の基準

■ N値：標準貫入試験

普通地盤	砂質土	N≧10
	粘性土	N≧4
軟弱地盤	砂質土	N＜10
	粘性土	N＜4

■ 軟弱地盤の対策

砂質土：固結工法
粘性土：載荷工法（圧密）

3 建設発生土の基準

■ q_c 値：コーン貫入試験

第1〜第3種	$q_c \geqq 400$
第4種	$200 \leqq q_c < 400$
泥土（廃棄物）	$q_c < 200$

■ 第4種の対策　$q_c > 400$

セメント石灰安定処理
良質土との混合

(1)

■ 盛土の基本

盛土良質材料
普通地盤

■ 標準構造

① 天端勾配3〜5％
② 仕上がり厚 30cm
③ 膨潤性・圧縮性 ㊥
④ せん断強度 ㊧
⑤ 仮縦排水溝*
⑥ 脱水・散水処理

＊仮縦排水溝は仮設
仮縦排水工は本設

(2)

■ 盛土の対策

盛土不良材料
軟弱地盤

■ 対策構造

① トラフィカビリティ
② 側方流動
③ 素掘り仮排水溝*
④ 圧密残留沈下
⑤ 排水工法浮力軽減
⑥ サンドドレーン工法
⑦ サンドコンパクションパイル工法

(3)

■ 建設発生土利用

第4種発生材
普通地盤

■ 対策構造

① セメント・石灰安定処理（7日・10日）
② ジオテキスタイル補強盛土
③ コーン指数
④ トラフィカビリティ
⑤ 安定処理養生日数
⑥ サンドマット工法

(4)

■ 構造物隣接盛土

盛土と構造物の接合
踏掛版

■ 盛土沈下対策

① 裏込め透水性材料
② 施工排水勾配
③ 仕上り厚 20cm
④ 踏掛版沈下抑制
⑤ 小型転圧機械
⑥ 良質土薄層
⑦ 偏土圧禁止

1-2 土工施工管理のポイント

施工の分類	テーマ	項　目		施工管理のポイント
盛土の施工	1	(1)	適正な盛土材料	せん断強度が大きく、膨潤性、圧縮性の小さい砂質土が望ましい。
		(2)	盛土の仕上り厚さ	盛土の一層の仕上り厚さは30cm以下とする。
軟弱地盤対策の施工	2	(1)	粘性土地盤対策	盛土載荷重工法は、軟弱地盤に盛土し圧密して沈下を促進してせん断強度を高める。改良しても、その上に構造物をつくると、残留沈下で不同沈下が少量生じる。
軟弱地盤上の盛土の施工	3	(1)	盛土の不同沈下	軟弱地盤上に盛土すると、盛土中央部が最も大きく沈下し、盛土は側方部へ流動する。
		(2)	沈下後の処理	不同沈下した盛土を補修するため、盛土の側方に腹付け盛土して補修する。
盛土施工時の排水対策	4	(1)	トラフィカビリティの確保	粘性土の盛土に雨水が浸透すると、盛土は軟化して、せん断強度が低下し、建設機械の走行性であるトラフィカビリティが小さくなる。このため、湿地ブルドーザの使用や排水溝の設置を考慮する。
		(2)	砂質地盤の特徴	砂質土の盛土に雨水が浸透すると、盛土材料はかみ合わせが弱くなり、せん断強度が減少する。このため盛土材料が流出するおそれがある。盛土の天端に4～5%の横断勾配をつけて排水し仮縦排水溝で誘導し場外に排水する。
建設発生土の利用	5	(1)	透水性の低い第4種建設発生土はセメント・石灰で安定処理	建設発生土は、コーン指数で第1種から第4種と廃棄物の泥土に区分し、第4種の建設発生土はコーン指数が200以上400未満の軟弱土であるため、セメント・石灰により安定処理して用いる。第1種から第3種はそのまま裏込め材料や路盤材料として用いる。

施工の分類	テーマ	項	目	施工管理のポイント
建設発生土の利用		(2)	第4種建設発生土の安定処理	セメントによる安定処理は、第4種建設発生土とセメントを混合し施工後7日間養生して、一軸圧縮強度を求める。このときセメント安定処理はセメントから六価クロムが溶出していないことを確認する。石灰安定処理は10日間の養生をする。
建設発生土の盛土	6	(1)	第1種から第3種までは盛土材料として利用	第1種から第3種までの透水性の高い建設発生土は、主に構造物の裏込め材料として利用したり、道路の路盤材料として利用できる。
		(2)	湿地ブルドーザの利用	湿地ブルドーザは、コーン指数が300以上の地盤の盛土の施工に用いられる。コーン指数が300未満の第4種建設発生土は、砂質土や山砂を混合して改良して施工する。
橋台・カルバート隣接盛土の施工	7	(1)	裏込め盛土材料の性質	裏込め盛土材料はとりわけ透水性の高いものが求められる。透水性が高い裏込め材料は、排水により盛土内の水圧を減少できる。
		(2)	裏込め盛土の施工	裏込めは狭い範囲の施工となるため、小型建設機械により一層の仕上げ厚さは20cm以下とし、構造物に偏土圧をかけないよう左右対称に施工する。まき出し厚さは薄層とする。
橋台・カルバート裏込め材料	8	(1)	道路盛土材料と河川盛土材料の特徴	道路の裏込め材料は、透水性が求められる。しかし、河川堤防の橋台やカルバートの裏込め材料は、透水性の材料は洪水時に洗い出しを受けるため、透水性でなく、遮水性が要求される。透水材料は粗粒材料（砂系）を用いる。遮水材料は細粒材料（粘度系）を用いる。
		(2)	カルバートの隣接盛土の施工	構造物隣接盛土の転圧では偏土圧を避ける。左右対称に小型建設機械で締め固める。接合部に踏掛版を用いる。

1-3 土工基礎能力・管理知識問題・解説

①-1 盛土の施工について不適当なものを２つ答えよ。

(1) 施工前に湧水の多い箇所には、排水処理のため暗きょを設けた。
(2) 盛土材料は、締固め後においてせん断強度が高くなるものを用いた。
(3) 盛土材料は、吸水による膨潤性の高いものを選定した。
(4) 盛土の仕上り厚さは一層当たり 50cm 以下となるよう締め固めた。
(5) 施工含水比の範囲の盛土材料にするため、乾燥材料に散水し湿潤材料は天日乾燥させた。

解答 (3)、(4)

ポイント解説

(3)：吸水による膨潤性の低い砂質土を選定する。
(4)：盛土は一層の仕上り厚さは 30cm 以下とする。

考え方

1 基礎地盤の処理

①盛土の基礎地盤は、盛土の施工に先立って、適切な処理を行わなければならない。この処理は、盛土の安定性を確保し、盛土の有害な沈下を抑制できるように行う。
②特に、沢部や湧水の多い箇所での盛土の施工においては、適切な**排水処理**を行わなければならない。

2 盛土材料として望ましい性質

①盛土材料には、施工が容易で、盛土の安定性を保つことができ、有害な変形が生じないものを用いなければならない。
②盛土材料として望ましい性質には、次のようなものがある。

- 敷均し・締固めが容易である。
- 締固め後の**せん断強度**が高い。
- 圧縮性が小さい。
- 雨水などによる浸食に強い。
- 吸水による**膨潤性**が低い。（水を吸収しても体積が増えにくい）

③粒度配合の良い（様々な粒度の土が適切な割合で含まれている）礫質土や砂質土は、上記のような性質を有しているので、盛土材料に適している。

3 盛土の敷均し厚さ

①均質な盛土とするためには、定められた厚さで、盛土を均等に敷き均さなければならない。この敷均しは、盛土を締め固めた際の一層において、平均仕上り厚さと締固め程度が、管理基準値を満足するように行わなければならない。

②盛土の敷均し厚さは、次のような条件に左右される。

- 盛土材料の粒度
- 土質
- 締固め機械
- 施工法
- 要求される締固め度

③盛土の敷均し厚さは、試験施工によって定めることが望ましいが、下記④や⑤のような一般的な値としてもよい。

④路体では、1層の締固め後の仕上り厚さを**30cm**以下とすることが一般的である。この場合の敷均し厚さは、35cm～45cm以下とする。

⑤路床では、1層の締固め後の仕上り厚さを20cm以下とすることが一般的である。この場合の敷均し厚さは、25cm～30cm以下とする。

4 盛土の含水量調節

①盛土の敷均しを行うときは、原則として、締固め時に規定される施工含水比が得られるように、**含水量調節**を行わなければならない。

②含水量調節を行うことが困難である場合は、薄層にして念入りに転圧するなど、適切な対応を行わなければならない。

③含水量の調節方法には、曝気(ばっき)乾燥により含水比の低下を図るものと、散水により含水比の上昇を図るものがある。場合によっては、トレンチ（溝）掘削によって地盤の含水比の低下を図ることもある。

1-2 盛土軟弱地盤対策工法の施工について不適当なものを２つ答えよ。

(1) 盛土載荷重工法では、地盤強度は増加するが残留沈下量は減少しない。
(2) ウェルポイント工法では、地下水位を低下させて、浮力相当分を重力とし載荷できる。
(3) 地下水位低下工法は、圧密を促進させ、せん断強度を高められる。
(4) 表層混合処理工法は、セメント・石灰を添加混合し、トラフィカビリティを低下させる。
(5) 表層混合処理工法は、表層を固結させ施工機械のトラフィカビリティを向上させる。

解 答 (1)、(4)

ポイント解説

(1)：盛土載荷工法は、残留沈下量を減少させる。
(4)：表層混合処理工法は、トラフィカビリティを向上させる。

考え方

1 **盛土載荷重工法**は、構造物を安定させるため、粘性土地盤に荷重を載荷することで、**残留沈下量**を低減し、地盤の**圧密促進**と**強度増加**を図る工法である。

①プレローディング工法：建設する構造物と同じくらいの重さの荷重を建設予定地盤に載荷する盛土載荷重工法である。構造物の建設後に残留沈下が生じにくくなる。

②サーチャージ工法：建設する構造物よりも大きな荷重を余盛として載荷する盛土載荷重工法である。必要な沈下量を早期に得ることができるため、工期の短縮に寄与できる。

2 **地下水位低下工法**は、ウェルポイント工法やディープウェル工法を用いて地下水位を低下させることで、地下水のある地盤が受けていた**地下水による浮力**に相当する荷重を載荷し、地盤の**圧密促進**と**強度増加**を図る工法である。

3 **表層混合処理工法**は、表層の軟弱層にセメントや石灰などの添加剤を攪拌混合させることで、地盤の**強度増加**と**安定性増大**を図る工法である。これにより、地盤のせん断変形を抑制し、施工機械の**トラフィカビリティー**（施工しやすさ）を向上することができる。

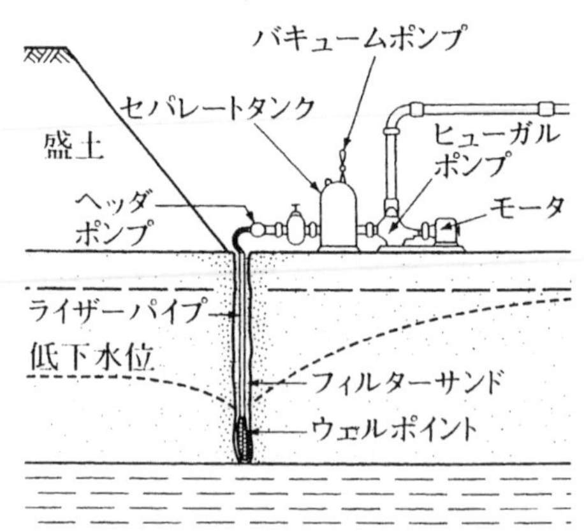

ウェルポイント工法の構成図

1-3 軟弱地盤上の盛土の施工の留意点で不適当なものを2つ答えよ。

(1) 軟弱地盤の準備工として、軟弱地盤の表面滞留水を素掘り排水溝で排水した。
(2) 軟弱地盤の盛土完了後、盛土中央部付近の沈下量が最小となり側方流動する。
(3) 軟弱地盤の施工時，盛土天端に排水勾配をつけて、雨水を排水して浸透を抑制する。
(4) 軟弱地盤の盛土は、中央部の沈下によって盛土に側方流動が生じ丁張りが内側に移動する。
(5) 沈下量の大きい区間では、腹付け盛土でなく天端に盛土を行う。

解答 (2)、(5)

ポイント解説

(2)：軟弱地盤の盛土の中央付近は最大の沈下量となり側方流動が生じる。
(5)：沈下量の大きい区間では、腹付け盛土とする。天端にだけ盛土すると側方流動が拡大する。

考え方

1 準備排水溝

①軟弱地盤上に盛土を行うときは、事前に、軟弱地盤の表面に**素掘り**排水溝を設けるとよい。右図のような素掘り排水溝を設けると、盛土の表面からの排水が行いやすくなるため、盛土の含水比が低下し、施工機械のトラフィカビリティー（走行性）を確保できるようになる。

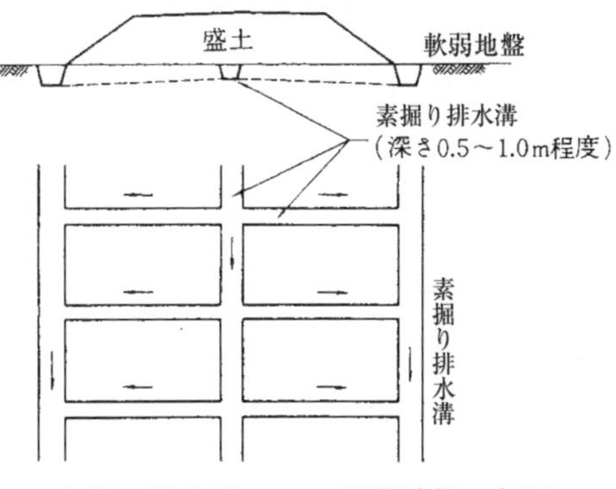

素掘り排水溝による軟弱地盤の処理

②基礎地盤の地下水が、毛管水となって盛土内に浸入するおそれがある場合には、厚さ0.5m～1.2mのサンドマットを設けるとよい。素掘り排水溝の施工と併用することにより、施工機械のトラフィカビリティーの確保が、より確実になる。

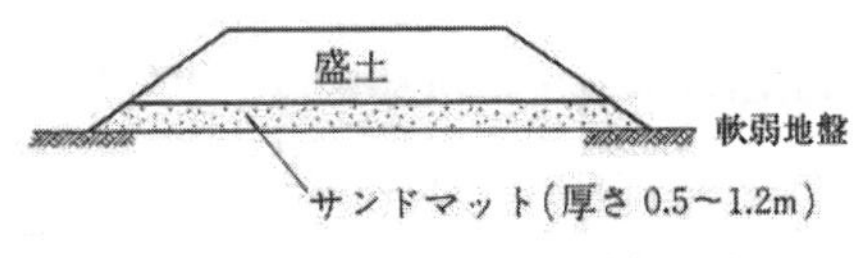

サンドマットによる軟弱地盤の処理

2 施工中の盛土の勾配

①軟弱地盤上の盛土では、盛土の荷重が集中する**中央**部付近が、盛土の法肩部よりも

沈下しやすいため、盛土施工中は、その施工面の天端に4%～5%の横断勾配を付ける必要がある。また、雨水の浸透を抑制するため、その表面をローラなどで平滑に仕上げておく（締め固めておく）ことが望ましい。

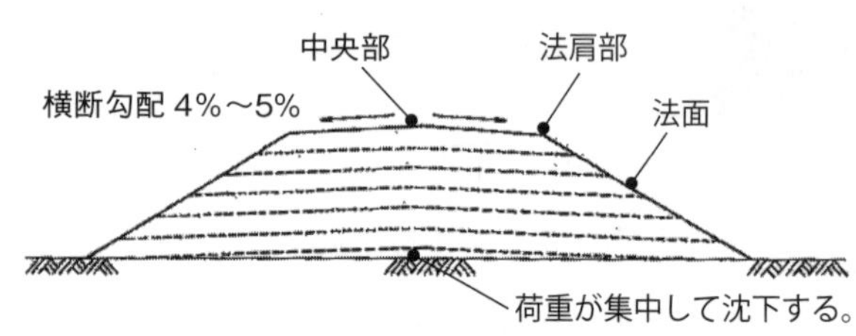

盛土の横断勾配
（雨水を法面に流してもよい場合）

②上図の場合において、盛土材料が洗堀されやすい砂質土である場合は、法面に雨水を流すことができない。このような場合には、右図のように、法肩部に素掘りの側溝を設けるとよい。

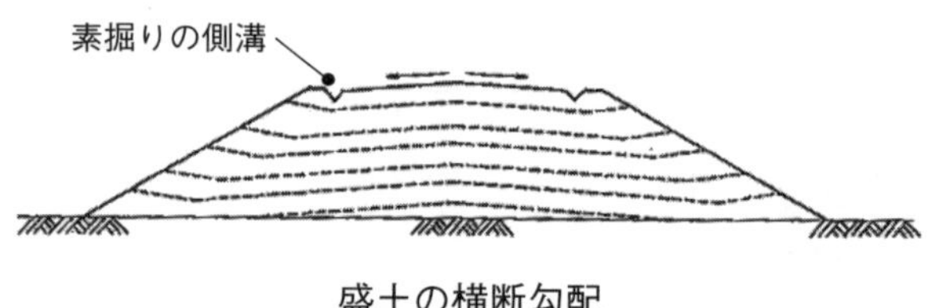

盛土の横断勾配
（雨水を法面に出せない場合）

③盛土に横断勾配を付ける目的としては、上記のような不同沈下への対策だけではなく、盛土内に雨水が**浸透**することによる盛土の軟化を防止することも挙げられる。

3 盛土の側方移動と沈下

①盛土の荷重が、軟弱地盤の支持力で支えられないほどに大きくなると、沈下した軟弱地盤の一部が側方に押し出されることがある。このような**側方**移動や沈下が発生すると、丁張り（盛土の高さ・位置・勾配などの基準となる仮設構造物）が移動したり傾斜したりすることがある。軟弱地盤上での盛土施工中は、盛土の形状や寸法などを随時確認し、丁張りの移動や傾斜を早期に発見できるようにすることが望ましい。

4 腹付け盛土の施工

①軟弱地盤の側方移動や沈下が発生すると、盛土の中央部が沈下し、法肩部が内側にずれ込むために、盛土の幅員が不足し、仕上り高さが低くなることが多い。特に、盛土荷重による沈下量の大きい区間では、法面勾配を計画勾配で仕上げると、盛土天端の幅員が不足するため、盛土法面の両側から、**腹付け**盛土を行わなければならなくなる。

②腹付け盛土の段切りは、高さ0.5m以上かつ幅1m以上として施工することが一般的であるため、小型ブルドーザを使用して行うことが多い。

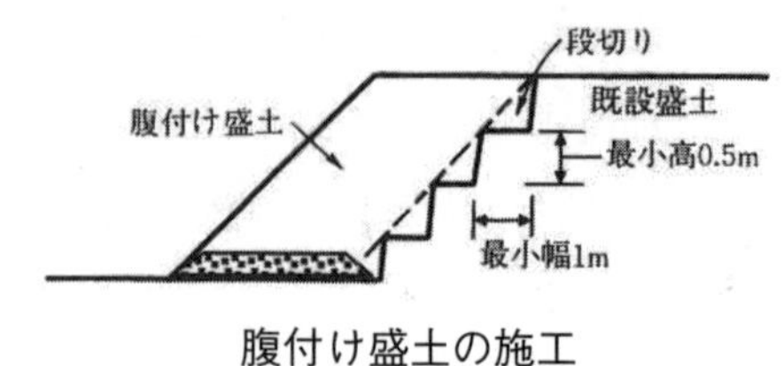

腹付け盛土の施工

③腹付け盛土が必要になるような軟弱地盤では、供用後の沈下をあらかじめ見込んで、その天端の幅をやや広くすることが望ましい。

1-4　盛土施工時の排水対策の施工の留意点で不適当なものを2つ答えよ。

(1) 盛土法面を保護するため、適当な間隔に法面に仮縦排水溝を設け、法尻に導く。
(2) 盛土施工の作業終了後、天端は横断勾配4～5%を付け、表面をローラで平滑にする。
(3) 軟弱粘性土の盛土材料の運搬にはコーン指数の小さい湿地ブルドーザを用いる。
(4) 粘性土の盛土では、雨水が浸透してもトラフィカビリティに影響がない。
(5) 砂質土の盛土では、雨水の浸透で含水比が上昇し、せん断強度が増加する。

解答　(4)、(5)

ポイント解説

(4)：粘性土の盛土に雨水が浸透すると著しくトラフィカビリティが低下する。
(5)：砂質土の盛土に雨水が浸透すると土のかみ合せ力が小さくなりせん断強度は減少する。

考え方

1 盛土施工中の法面の一部に水が集中すると、盛土の安定に悪影響を及ぼすので、法肩部をソイルセメントなどで仮に固め、適当な間隔で法面に**仮縦排水溝**を設けて雨水を法尻に導くようにする。

2 盛土内に雨水が浸透し土が軟弱化するのを防ぐためには、盛土天端に**4～5%**程度の横断勾配を付けておく。また、施工中に降雨が予想される際には転圧機械などのわだちのあとが残らないように、施工の**作業終了時**にローラなどで滑らかな表面にし、排水を良好にして雨水の土中への浸入を最小限に防ぐようにする。

3 盛土材料が粘性土の場合、一度高含水比になると含水比を低下させることは困難であるので、施工時の排水を十分に行い、施工機械の**トラフィカビリティー**を確保する。盛土材料が砂質土の場合、盛土表面から雨水が浸透しやすく盛土内の含水比が増加して、**せん断強度**が低下するために表層がすべりやすくなるので、雨水の浸透防止をはかるためにはビニールシートなどで法面を被覆して保護する。

1-5 建設発生土現場利用の留意点のうち不適当なものを２つ答えよ。

(1) 高含水比の発生土は天日乾燥や安定処理で改良が困難な場合、埋立処分とする。
(2) 発生土の固化には、セメント・セメント系固化剤や石灰・石灰系固化材を用いる。
(3) 高含水比の粘性土の改良には一般に石灰か又はセメントを用いる。
(4) 安定処理作業でセメント・石灰を散布するときは、風向きや風速を考慮して行う。
(5) セメント系に比べ石灰系固化材の施工後の養生日数は短期間でよい。

解 答　(3)、(5)

ポイント解説

(3)：高含水比粘性土の改良は一般に生石灰を用い、1 回目に混合して仮転圧し、24 時後に生石灰を消化反転させ消石灰としてから 2 次転圧する。

(5)：セメント系固化養生日数 7 日、石灰系固化材養生日数 10 日とし、安定処理による強度は一軸圧縮強さで表し、セメント系固化材の強度は石灰系固化材の強度より大きい。セメント系固化材は、有害な六価クロムが溶出するため、試験により 0.15mg/m^3 以下の溶出量を確認しなければならない。

考え方

1 高含水比状態の建設発生土は、強度が不足しているため、現場において盛土材料として利用するためには、次のような方法により土質を改良しなければならない。

①天日乾燥により含水比を低下させ、**脱水**処理を行う。

②高含水比の砂質土に、**セメント・セメント系**固化材を混合し、安定処理を行う。この安定処理は、粘性土に適用することはできない。

③高含水比の粘性土に、生石灰又は石灰・石灰系固化材を混合し、安定処理を行う。改良対象土質の範囲は広いが、反応が緩慢であるため、十分な**養生**期間が必要となる。作業時に粉塵が発生するので、風速・**風向**に注意し、労働者にはマスク・防塵眼鏡などを着用させる。

④特に高含水比の粘性土には、**生石灰**を混合し、安定処理を行う。石灰・石灰系固化材による安定処理よりも反応は高速であるが、作業時に発熱を伴うので、労働者には手袋・保護眼鏡などを着用させる。生石灰による安定処理では、仮転圧の後、生石灰の反転を待ってから、整形してローラで本転圧を行う。

2 適用する土質改良工法は、建設発生土の区分に応じて選定する。

建設発生土の区分	掘削された建設発生土の改良工法	適用する土質改良工法
第1種または第2種	不要（そのまま利用できる）	不要（そのまま利用できる）
第3種または第4種	水切り、天日乾燥、良質土混合、安定処理	流動化処理工法、気泡混合土工法、原位置安定処理工法
泥土	強制脱水、天日乾燥、良質土混合、安定処理	流動化処理工法、気泡混合土工法

1-6 盛土土工対策工法の施工の留意点のうち不適当なものを２つ答えよ。

(1) 建設発生土はコーン指数（q_c）が 400 未満の場合は第４種に分類され水面埋立材料とした。
(2) 建設発生土で安定が懸念されたのでジオテキスタイル補強盛土とした。
(3) 透水性の高い発生材料は、裏込め材料として用いてならない。
(4) 軟弱地盤土ではコーン指数の高い湿地ブルドーザでトラフィカビリティを確保した。
(5) 軟弱地盤の表層を改良するためサンドマット工法や表面処理工法を用いた。

解答 (3)、(4)

ポイント解説

(3)：透水性の高い第１種、第２種、第３種の発生材は構造物の裏込め材料として用いる。
(4)：コーン指数が 300 以上必要な湿地ブルドーザはコーン指数が最も低い建設機械である。

考え方

1 建設発生土は、有効利用を促すため、その性状や**コーン**指数により第１種建設発生土から第４種建設発生土に分類され、種別ごとに利用用途が定められている。コーン指数が 200kN/m^2 以下または一軸圧縮強さが 50kN/m^2 以下の土は、汚泥として廃棄処分できる。

建設発生土の主な利用用途

区分		利用用途
第１種	砂、礫およびこれらに準ずるものをいう。	工作物の埋戻し材料 土木構造物の裏込め材料 道路盛土材料 宅地造成用材料
第２種	砂質土、礫質土およびこれらに準ずるものをいう。	土木構造物の裏込め材料 道路盛土材料 河川築堤材料 宅地造成用材料
第３種	通常の施工性が確保される粘性土およびこれに準ずるものをいう。	土木構造物の裏込め材料 道路路体用盛土材料 河川築堤材料 宅地造成用材料 水面埋立用材料
第４種	粘性土およびこれに準ずるもの（第３種建設発生土を除く）をいう。	水面埋立用材料

2 シルトや粘土などの安定性が低い細粒土を盛土するときは、次のような対策を講じる。

①盛土法面勾配を緩くする。

②**ジオテキスタイル**などの補強材による補強盛土工法を採用する。

③良質土によるサンドイッチ工法を採用する。

④細粒土中の含水比を低下させるため、水平排水層などによる排水処理工法を採用する。

⑤セメントや石灰などの安定材を混合する安定処理を行い、盛土材料の安定性を高める。

3 田畑の表土は、盛土法面の植生被土として最適な、有用な発生土である。田畑上に盛土するときは、その表土を仮置きし、盛土法面の仕上げとなる土羽土（どばど）として用いるとよい。粒径が大きい粗粒土のうち、**透水性**が良い砂質土や礫質土は、裏込めなどの排水材料として適する、有用な発生土である。こうした有用な発生土は、捨てずに仮置きを行い、有効に利用すべきである。

4 標準貫入試験で測定したN値が4以下の粘性土や、N値が10以下の砂質土は、軟弱地盤である。軟弱地盤上に盛土などの土構造物を施工するときは、事前に、サンドドレーン工法・載荷重工法・サンドコンパクションパイル工法・バイブロフローテーション工法などにより、軟弱地盤の安定を図りN値を高める必要がある。

5 軟弱地盤上で盛土作業を行うためには、軟弱地盤表層において**施工機械**のトラフィカビリティー（走行性）を確保する必要がある。トラフィカビリティーを確保するためには、**サンドマット**工法や表層混合処理工法などによる表層安定対策を講じるとよい。

1-7 橋台・カルバート隣接盛土の施工の留意点のうち不適当なものを２つ答えよ。

(1) 構造物の裏込め材料には、せん断強度は要求されるが透水性は低くてもよい。

(2) 盛土先行形の盛土部では盛土底辺の部分がくさび形となり締固め面積が小さく締固めにくい。

(3) 裏込め部の施工中、雨水が溜り易いので、排水勾配を考慮して施工した。

(4) カルバートの盛土施工において、片側に偏土圧をかけ施工した時は、他方も偏土圧をかけ施工する。

(5) 構造物と盛土の境界には不同沈下防止のため踏掛版を設けた。

解　答　(1)、(4)

ポイント解説

(1)：裏込め材料は、水圧を低減するため高い透水性と大きいせん断強度が求められる。

(4)：カルバートの締固めは左右対称に均等に行い、偏土圧をかけてはならない。

考え方

橋台やカルバートなどの盛土を横断する構造物が、盛土と接続する裏込め部分や埋戻し部分では、時間と共に、その境界において不同沈下や段差が生じやすくなる。このような構造物と盛土との接続部分（取付け部）の施工では、適切な材料の使用・入念な締固め・排水溝の施工などにより、不同沈下や段差を防ぐ必要がある。その具体的な方法は、次の通りである。

1 取付け部の施工上の留意点

①施工ヤード（スペース）を広くとり、可能な限り、一般部の施工に使用する大型の締固め機械を用いて入念に締め固める。ただし、構造物に隣接する盛土は、偏土圧をかけないよう、小型の締固め機械を用いて締め固める。

②構造物の裏込め付近では、水が集まりやすいので、施工中は適切な排水勾配を確保し、地下排水溝を設置するなど、十分な排水対策を講じる。

③不同沈下を防止するため、盛土と構造物との取付け部には、鉄筋コンクリート製の**踏掛板**を設ける。この踏掛板は、段差による影響を緩和し、耐震性を向上させる役割を有している。踏掛板の長さは、5m～8m 程度とするのが一般的であるが、長いものほど補修回数を少なくできるので、軟弱地盤上の踏掛板は 8m とすることが多い。

2 道路構造物の裏込め材料の選定

①段差を生じさせないよう、非圧縮性の材料か、圧縮性の小さい材料を使用する。

②雨水の浸透による土圧の増加を生じさせないよう、**透水**性材料を使用する。

③締固めが容易で、水の浸入による強度の低下が少ない粗粒土を使用する。

④耐震性を確保するため、支持力が高く、粒度分布の良い粗粒土を使用する。

3 裏込め材料の締固め

①基礎掘削は、必要最小限とし、掘削土と裏込め材料が混ざらないように管理する。

②良質の裏込め材料を、小型または中型の締固め機械を用いて入念に締め固める。

③盛土が先行し、切土と接する箇所では、その底部が**くさび形**になり、締固め面積が狭くなるので、仕上り厚さを20cm程度として、小型の締固め機械を用いて入念に締め固める。

④カルバートなどの裏込めや、その付近の盛土は、偏土圧がかからないよう、構造物の両側から**均等**に、薄層で締め固める。この作業は、小型の締固め機械を用いて行う。

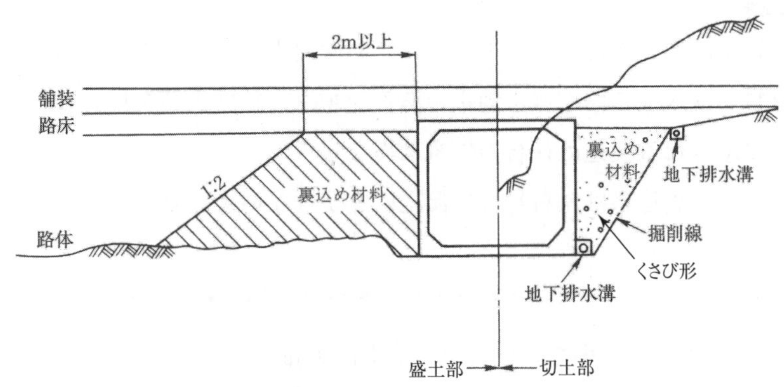

ボックスカルバートの裏込め構造（例）

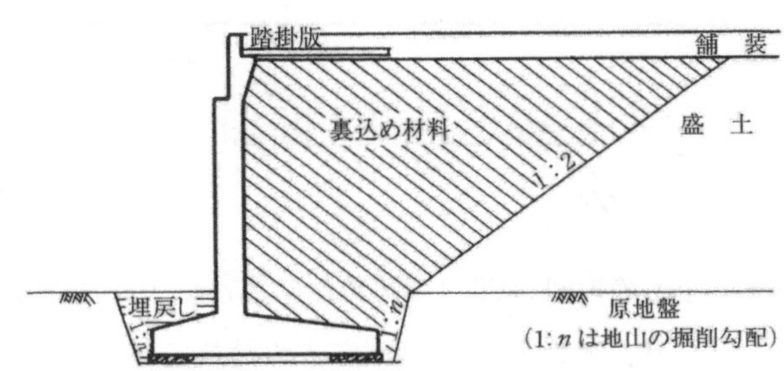

裏込め部への踏掛版の設置（例）

1-8 橋台・カルバート隣接盛土の施工の留意点のうち不適当なものを２つ答えよ。

(1) 道路構造物の裏込め材料には、圧縮性・膨潤性・透水性の小さなものが要求される。
(2) 橋台と盛土取付け部には段差の影響を緩和する目的で踏掛版を用いる。
(3) 河川構造物の裏込め材料は洗出しを防止するため、透水性よりも遮水効果が求められる。
(4) 裏込め材料による盛土は、高まきを避け一層の仕上り厚さを 20cm とした。
(5) カルバートの裏込めは片方づつ偏土圧を与えて十分締め固める。

解 答 (1)、(5)

ポイント解説

(1)：道路構造物は裏込め材料の透水性は大きい砂質土等を、河川・港湾海岸構造物の裏込め材料は透水性でなく遮水効果のあるシルト、粘性土等を用いる。使用する場所により要求される裏込め材料の性質は異なる。

(5)：カルバートの裏込めは左右対称に偏土圧をかけないよう施工する。

考え方

1 裏込め材料は、圧縮性の**小さい**材料で、透水性が高く、膨潤性の小さいものがよい。

2 橋台と盛土部との取付け部に設置する**踏掛版**（鉄筋コンクリート版）は、境界部分の盛土の沈下の影響を緩和する。

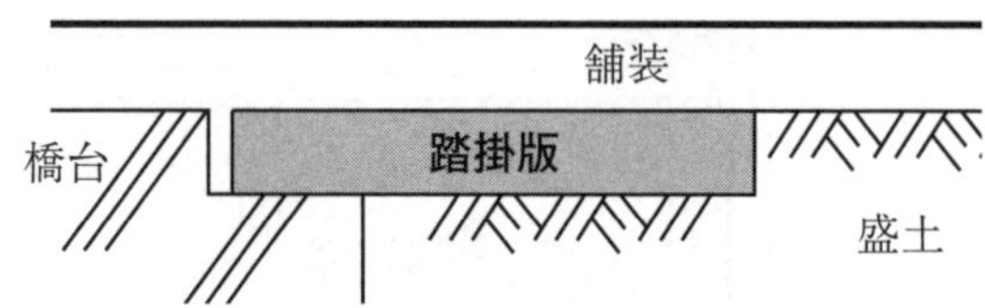

3 河川構造物である樋門などの取付け部の裏込めは、透水による河川水の漏水を防止するため、道路の盛土と異なり、**遮水**効果のある裏込め材料で施工する。

4 裏込め部の敷ならし厚さは、**高まき**を避け、仕上り厚さ 20cm 以下となるよう薄層にまき出し、小型締固め機械で締め固める。

5 下水管やカルバートなど、両側を埋戻す盛土は、構造物に**偏土圧**を加えないよう、良質土で左右対称に施工する。

第2章 コンクリート工基礎能力・管理知識

2-1 コンクリート工の要約

(1)

■運搬・打込み
①ダンプスランプ 5cm 未満（1h）
②アジテータスランプ 5cm 以上（1.5h）
③練始め打込終了時間 25℃以下（2h）、25℃超（1.5h）
④許容打ち重ね時間間隔 25℃以下（2.5h）、25℃超（2h）
⑤斜シュート勾配 2：1
⑥コンクリートポンプモルタル先送り

(2)

■締固め・仕上げ
①加振時間 5 秒～15 秒
②二層打込み下層 10cm 挿入加振
③一層の厚さ 40-50cm
④凝結前に再振動・強度増大・鉄筋付着力㊅
⑤打上げ速度 30 分間で 1.0m～1.5m
⑥タッピングで表面仕上げ

(3)

■養生
①早強コンクリート 3 日、普通コンクリート 5 日、混合セメントコンクリート 7 日間
②初期養生・日除・風除け
③後期養生・湿布、養生マット、膜養生
④散水（ひび割れ防止）
⑤乾燥：プラスチックひび割れ・乾燥ひび割れ

(4)

■打継目・型枠
①鉛直打継目、チッピング・吸水、再振動
②鉛直打継目に止水板
③水平打継目、レイタンス除去、粗面吸水
④鉄筋のかぶりにモルタル製とコンクリート製スペーサ
⑤型枠側圧は、スランプ大及び気温低下で㊅

2-2 コンクリート工施工管理のポイント

施工の分類	テーマ	項目		施工管理のポイント
コンクリートの運搬	1	(1)	コンクリートポンプ先送りモルタル	コンクリートポンプによるコンクリートの運搬に先だち、コンクリートの水セメント比より小さい先送りモルタルを圧送してコンクリート圧送管内面を湿潤化する。
		(2)	シュートによる運搬	縦シュートは材料分離が少ないが、斜シュートは、材料分離が生じ易い。
コンクリートの現場場内運搬	2	(1)	斜シュートの運搬	斜めシュートは材料分離を避けるため斜シュートの角度は水平2に対して鉛直1の勾配をつけ、投入口には、先端にバッフルプレートを設ける。
		(2)	バケットの運搬	バケットによる運搬はコンクリートポンプよりも材料分離が少ないが、打込み時間が長すぎるとバケット内のコンクリートの品質が低下するので注意する。
コンクリートの打込み締固め	3	(1)	荷卸し・締固め	コンクリートは小分して荷おろしをして、振動機で横流しをする移動を禁止し、材料分離を防止する。
		(2)	ブリーディング水の除去	打込み内部振動機で50cm以下の間隔で締め固め、コンクリートの余水がブリーディング作用により上昇するので、余水をスポンジ等で除去して、コンクリート上面を再振動して仕上げる。
コンクリートの締固め仕上げ	4	(1)	コンクリートの一層の打込み高さ	コンクリート一層の打込み高さは40～50cmとし打込みが二層以上打ち込む時は、内部振動機は下層に10cm程度まで挿入し上下層を一体化し、コールドジョイントを防止する。
		(2)	内部振動機の引抜き方法	内部振動機の引抜き速さをゆっくり鉛直に引抜き、水の材料分離を防止する。

施工の分類	テーマ	項　目		施工管理のポイント
コンクリートの養生	5	(1)	湿潤養生	コンクリートの表面を仕上げて、初期養生を終えたら、直ちに散水養生し、コンクリートの水和反応を促進させる後期養生を行う。早期養生で表面のプラスチックひび割れと内部の乾燥ひび割れを抑制する。
		(2)	養生日数	普通ポルトランドセメント5日、早強ポルトランドセメント3日、混合（高炉、フライアッシュ）セメントは7日間湿潤養生するのを標準とする。(15℃以上の場合)
コンクリートの養生	6	(1)	暑中、寒中コンクリートの養生日数	コンクリートの水和反応は気温が高いと速くなるため、養生日数も標準より短かくなり、寒中コンクリートは気温が低いので標準より水和反応が鈍いので養生日数も増加させる。
		(2)	初期凍害防止	初期凍害を受けたコンクリートの品質が元に戻ることがないので廃棄する。このため、寒冷期や暑中期などの施工時にはAE剤を混入し空気量4～7%とし、凍害を防止する。また、気温の低い時には、保温養生など凍結を防止する対策が必要になる。
コンクリートの打継ぎ	7	(1)	打継ぎ面処理	打継ぎ面はワイヤーブラシで表面をチッピングして粗面としレイタンスを除去後、散水して十分に吸水させる。
		(2)	改修打継ぎ面処理	不良コンクリートを除去した改修コンクリートの打継ぎ面は、斫り面を清掃乾燥させ、プライマーを塗布乾燥させて後にポリマーセメントのコンクリートで補修する。
コンクリートの打継ぎ	8	(1)	打継目の位置	コンクリートの打継目の位置は、原則、仕様書に示されているが、明示のないときはせん断力の小さい位置に設ける。
		(2)	モルタル製・コンクリート製スペーサの使用	かぶりを確保するための、スペーサは、錆のないモルタル製かコンクリート製とする。

2-3 コンクリート工基礎能力・管理知識問題・解説

2-1 コンクリートの現場場内運搬に関する施工の留意点で不適当なものを2つ答えよ。

(1) コンクリートを圧送する前に、水セメント比の大きいモルタルを先送りした。
(2) コンクリートポンプの口径は大きいほど圧送負荷は小さくできる。
(3) コンクリートポンプの機種と台数は圧送負荷、吐出量、打込み量から定める。
(4) 斜めシュートは縦シュートより材料分離が生じにくい。
(5) バケットによる運搬では、打込み速度が遅いとバケット内で材料分離が生じる。

解 答 (1)、(4)

ポイント解説

(1)：先送りモルタルは、打込みコンクリートの水セメント比以下とする。
(4)：斜シュートは縦シュートより材料分離が生じ易いので、斜シュートの勾配は水平2に対し鉛直1の勾配とし吐出部にバッフルプレートを設ける。

考え方

1 コンクリートの現場内運搬では、次のような点に留意しなければならない。

(1) コンクリートの圧送を開始する前に、先送りモルタルを圧送しなければならない。先送りモルタルとは、構造物に使用するコンクリートをポンプで圧送する前に、ホース内をモルタルで被覆するために流される富調合のモルタルである。先送りモルタルは、コンクリートポンプの輸送管内面の湿潤性を確保し、輸送管の閉塞を防止する役割を有している。この先送りモルタルの**水セメント比**は、構造物に使用するコンクリートの水セメント比以下としなければならない。また、先送りモルタルは、構造物に使用するコンクリートとは性質が異なるので、構造物の局所的な均一性が損なわれないよう、型枠内には打ち込まず、圧送後に廃棄しなければならない。

(2) コンクリートポンプの輸送管の管径は、粗骨材の最大寸法などによって定められるが、その管径が**大きい**ほど圧送負荷が小さくなるので、管径の**大きい**輸送管を使用することが望ましい。しかし、大きすぎる輸送管は、現場内で移動させにくくなるので、管径を過大にするのは避けるべきである。

(3) 現場内で使用するコンクリートポンプの機種および台数を定めるときは、次のようなことを考慮する。

①コンクリートポンプにかかる最大圧送負荷（最大理論吐出圧力の80%以下とする）
②試験施工の結果（最大圧送負荷（P_{max}）は試験施工から求めることもできる）

③コンクリートポンプの**吐出量**（輸送管内の流速や輸送距離によっても変動する）

④コンクリートの打込み量（単位時間あたりの打込み量と、1日あたりの打込み量）

⑤施工場所の環境（温度・湿度など）

(4) コンクリートの打込みに用いるシュートは、縦シュートと斜めシュートに分類されるが、原則として、**材料分離**が起こりにくい縦シュートを用いなければならない。やむを得ず、材料分離が起こりやすい斜めシュートを用いるときは、シュートの傾きは水平2に対して鉛直1程度を標準とし、吐出口にバッフルプレートを設けるなどの方法で、材料分離を抑制する必要がある。斜めシュートで打ち込んだコンクリートに材料分離が認められた場合は、シュートの吐出口に荷台を取り付けて、コンクリートを練り直してから打ち直さなければならない。

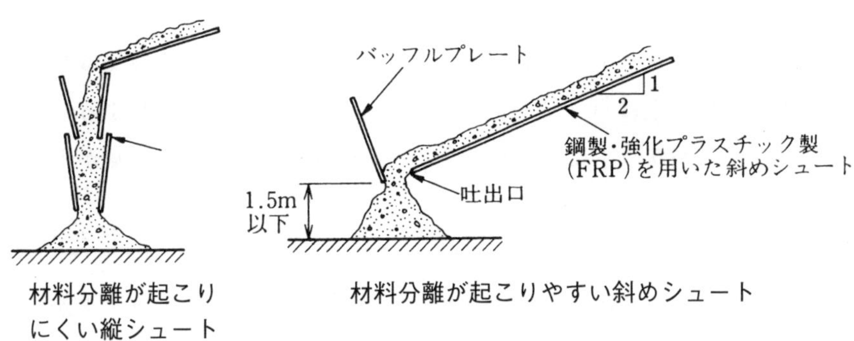

コンクリートの打込みに用いるシュート

(5) アジテータから排出されたコンクリートをバケットで受け、クレーンなどで運搬する方法は、コンクリートポンプよりもコンクリートの材料分離を少なくする対策のひとつである。しかし、バケットによる運搬は、コンクリートポンプによる運搬よりも時間がかかることが多い。また、バケットには攪拌（かくはん）機能がないので、長時間バケットに入れたままのコンクリートには、材料分離や施工性悪化などが生じるおそれがある。そのため、バケットでコンクリートを運搬するときは、バケットの**打込み速度**とコンクリートの品質変化を考慮した品質管理を行わなければならない。

②-2 コンクリートの現場内運搬に関する施工の留意点で不適当なものを２つ答えよ。

(1) 斜めシュートを用いるときは、モルタルを先行して流して材料分離を防止した。
(2) 斜めシュートの勾配は急なほど材料分離が少なくなる。
(3) コンクリートポンプを中断するときは、間欠運転をして、ポンパビリティ（施工性）を確保する。
(4) バケットの構造はコンクリートのモルタルが漏れ出さない構造のものとした。
(5) バケットによる運搬は、一般にコンクリートポンプより材料分離が生じ易い。

解 答 (2)、(5)

ポイント解説

(2)：斜シュートは縦シュートより材料分が発生しやすい。このため勾配は水平２に対し鉛直１とし吐出先端にバッフルプレートを用いて材料分離を抑制する。
(5)：通常の施工ではバケットによるコンクリートの運搬は最も材料分離が生じ難い。

考え方

1 コンクリートの打込みに用いるシュートには、縦シュートと斜めシュートがあり、原則として縦シュートを用いて、材料分離を抑制する。斜めシュートを用いるときは、シュートの傾きを**水平２に対して鉛直１**程度を標準とし、吐出先端部にはバッフルプレートを用いる。

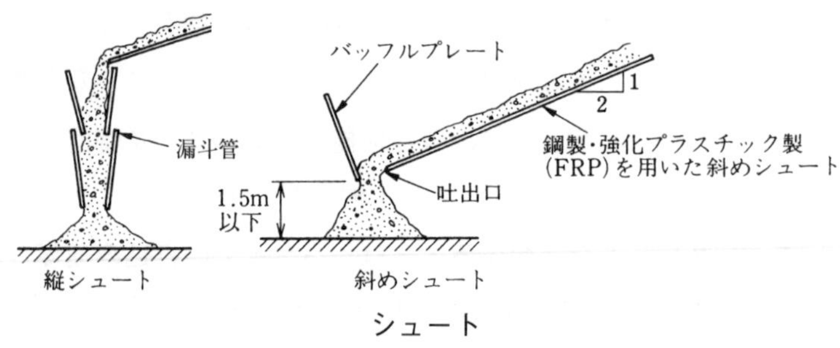

シュート

2-3 コンクリートの打込み，締固めの施工の留意点で不適当なものを２つ答えよ。

(1) コンクリートを打ち込む前にはモルタル製又はコンクリート製のスペーサを設けかぶりを確保した。
(2) コンクリートを内部振動機で横流して締め固めると均一なコンクリートとなる。
(3) コンクリート打込み中に表面に浮き出たブリーディング水は水和に必要なので取り除かずに吸水するまで待つ。
(4) コンクリート締固め後、凝結する前で，できるだけ遅い時期に再振動するとコンクリートが密実になる。
(5) 再振動によって、鉄筋とコンクリートの付着強度が増大する。

解答 (2)、(3)

ポイント解説

(2)：コンクリートは小分けして荷おろし、内部振動機は横流しせず、ゆっくりと鉛直方向に挿入しゆっくり引き上げる。コンクリートを横流しすると粗骨材とモルタが分離するので、厳禁されている。

(3)：ブリーディング水は水和反応に余分な水分なので、スポンジやひしゃく等で取り除いて打ち継ぐ。

考え方

1 コンクリートの打込みは、次のような点に留意して行う。

①鉄筋や型枠が所定の位置から動かないよう、**スペーサ**を適切な方法で固定する。
②打ち込んだコンクリートは、**材料分離**を防ぐため、型枠内で横移動させてはならない。
③打込み中、著しい材料分離が認められた場合は、材料分離を抑制するための対策を講じる。
④打込み中、表面に**ブリーディング**水が集まってきた場合は、適切な方法で取り除いてからコンクリートを打ち継ぐ。
⑤計画した打継目以外では、コンクリートの打込みが打継目の端部まで打ち終わるまで連続して打ち込む。
⑥コンクリートは、打上り面がほぼ水平となるように打ち込む。
⑦コンクリートの打上り速度は、30分につき1.0m～1.5m程度を標準とする。
⑧コンクリートの1層の打込み高さは、40cm～50cm以下とする。打込み高さを定めるときは、使用する内部振動機の性能などについても考慮する。

2 下記のような箇所にコンクリートを打ち込むときは、次のような点に留意する。

①型枠の高さが大きい場合は、型枠に投入口を設けるか、縦シュートまたはポンプ配管の吐出口を打込み面付近まで下げてからコンクリートを打ち込む。シュート・ポンプ配管・バケット・ホッパなどの吐出口から打込み面までの高さは、1.5m 以下を標準とする。また、コンクリートの**材料分離**を防止するため、打込み間隔・荷卸し間隔を短くする。

②スラブまたは梁のコンクリートが壁または柱のコンクリートと連続している場合は、沈下ひび割れを防止するため、壁または柱のコンクリートの沈下がほぼ終了した後に、スラブまたは梁のコンクリートを打ち込む。この沈下にかかる時間は、1時間～2時間程度である。また、コンクリート打込み中に、ブリーディング水がコンクリート表面に浮上した場合、スポンジなどで吸水してからコンクリートを打ち継ぐ。

③コンクリートを直接地面に打ち込む場合は、あらかじめ、ならしコンクリートを敷いておくことが望ましい。

3 コンクリートを2層以上に分けて打ち込むときは、次のような点に留意する。

①上層と下層が一体となるように施工する。

②コールドジョイントが発生しないよう、施工区画の面積・コンクリートの供給能力・許容打重ね時間間隔などを定める。

③許容打重ね時間間隔は、外気温が 25℃以下なら 2.5 時間以内、外気温が 25℃を超えるなら 2.0 時間以内とする。

4 コンクリートの締固めは、次のような点に留意して行う。

①内部振動機を、下層のコンクリート中に 10cm 程度挿入する。

②内部振動機の挿入間隔 50cm 以下および一箇所あたりの振動時間は5秒～15 秒として、コンクリートを十分に締め固められるようにする。

③コンクリートからの内部振動機の引抜きは、穴が残らないよう、ゆっくりとした速度で鉛直方向行う。

④せき板に接するコンクリートは、できるだけ平坦な表面が得られるように打ち込み、締め固める。

⑤**再振動**は、コンクリートの締固めが可能な範囲内で、できるだけ遅い時期に行う。再振動を行うと、鉄筋とコンクリートとの**付着**効果を増加させることができる。

5 コンクリートの仕上げは、次のような点に留意して行う。

①締固めが終了し、ほぼ所定の高さおよび形にならしたコンクリートの上面の水を取り除きブリーディングの終了を待って、仕上げなければならない。

2-4　コンクリートの打込み・締固めの施工上の留意点で不適当なものを2つ答えよ。

(1) コンクリートの柱や壁などの打込み高さの速さは30分間で1～1.5m程度とする。
(2) コンクリートの一層の打込み高さは50～100cm程度を標準とする。
(3) 二層のコンクリートを施工するとき上層の施工時は下層に10cm程度挿入し一体化する。
(4) コンクリートの締固め時間は1箇所に5秒～15秒程度とした。
(5) 内部振動機は引抜時、すばやく引抜き表面の乱れを防止する。

解答　(2)、(5)

ポイント解説

(2)：コンクリート一層の打込み高さは40～50cm程度とする。
(5)：コンクリートから内部振動機を引抜く時はゆっくりと材料分離が生じないよう鉛直方向に行う。

考え方

1 木製型枠や鋼製型枠など、暑中コンクリートでは、コンクリート打設前に十分に散水して、湿潤状態にしておく。散水しないとコンクリートと接する面の水分が吸収されたり、水分の蒸発現象が生じ、仕上り面の水分が不足する。

2 コンクリートは、打上り面がほぼ水平となるよう打ち込むことを原則とし、コンクリート1層の打込み高さは、通常**40～50cm**程度を標準とする。打込み高さは内部振動機の性能（振動数、振幅）を考慮して定める。

3 コンクリートを2層以上に分けて打ち込む場合、各層が一体となりコールドジョイントを防止するため、コンクリートの**許容打重ね時間間隔**は次のようである。

①外気温25℃以下のとき**2.5時間以内**

②外気温25℃超（暑中コンクリート）のとき**2.0時間以内**

㊟：練り始めから打込み終了までの時間は、外気温25℃以下で2.0時間以内、外気温25℃超（暑中コンクリート）は1.5時間以内である。

㊟：練り始めからコンクリートの荷卸までの運搬時間は、コンクリートのスランプ5cm以上のとき1.5時間以内、スランプ5cm未満のとき1.0時間以内。

4 コンクリートの柱や壁など打込み高さの速さは、一般の場合、ブリーディングを抑制するため、**30分間で1～1.5m程度**を標準とする。

5 スラブ又ははりのコンクリートが壁又は柱のコンクリートと連続している場合には、沈下ひび割れを防止するため、一般には、壁又は柱の頂部で**1～2時間の沈下をさせて後、**

ハンチやスラブ・はりのコンクリートを打継ぐ。これより沈下ひび割れが抑制される。

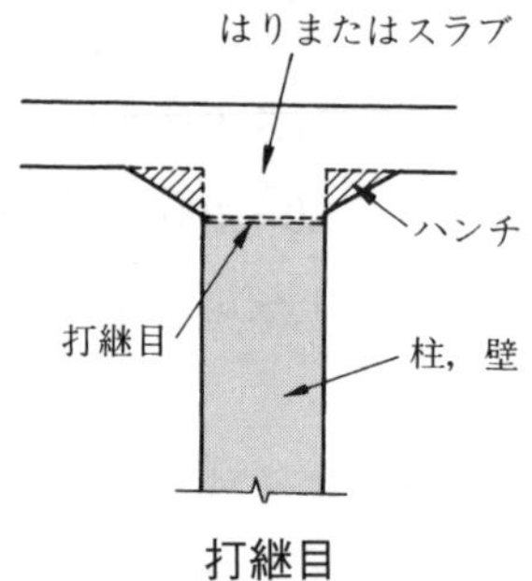

打継目

6 二層以上のコンクリートを施工するときの打継目は、上下層のコンクリートが一体化し、コールドジョイントを生じないようにするため、内部振動機は下層に**10cm程度挿入**することを標準とする。

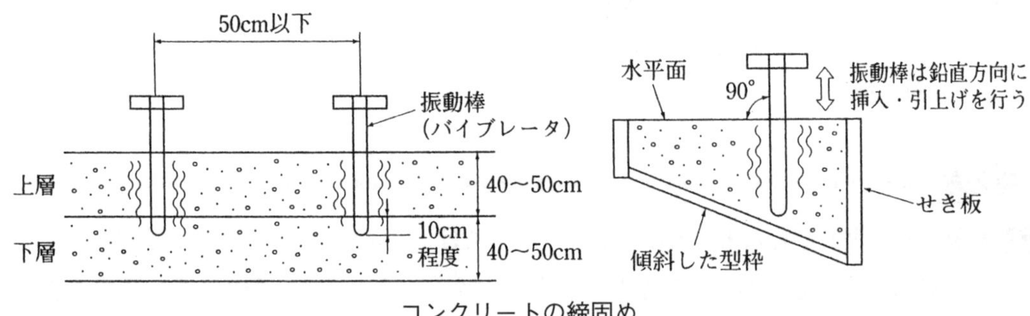

コンクリートの締固め

7 打込み時の内部振動機の加振時間は、一般に**5〜15秒程度**で、コンクリート表面にブリーディングが生じ、水分が上昇し、表面に光沢が現れ、コンクリートが均一に溶けあったように見えることを確認したら、内部振動棒を**ゆっくりと徐々に鉛直に引き上げ**、引き上げ時に穴をつくらないようにする。穴ができると水分が集まり硬化後空隙部となるので望ましくない。

8 コンクリート仕上げ作業後、硬化を始める前に生じたひび割れは、こてでタンピング（たたいて）で閉じるか、再度こてで仕上げる。

9 密実なコンクリートとするため、固まり始める前までに、できるだけ遅い時期に、表面を金ごてで、強く押しつけながらコンクリート表面を仕上げる。

2-5　コンクリートの養生の施工上の留意点で不適当なものを2つ答えよ。

(1) コンクリートの養生は、セメントと水の水和反応を促進するよう養生中十分水分を供給する。
(2) コンクリート表面は、適当な温度のもで水湿後は十分に乾燥させる。
(3) コンクリート表面は、直射日光や風が直接あたらないよう、初期養生中はシートで覆う。
(4) 養生期間は気温15℃以上では、混合セメントで5日、早強ポルランドセメントで3日、普通ポルトランドセメントで7日である。
(5) コンクリート舗装や工場のように広い場所で管理が困難なので膜養生剤を散布した。

解答　(2)、(4)

ポイント解説

(2)：コンクリートの表面は十分に硬化するまで湿潤養生し水和反応を促進する。乾燥させるとプラスチックひび割れ、乾燥ひび割れが生じる。

(4)：養生期間は気温15℃以上では、早強ポルトランドセメント3日、普通ポルトランドセメントは5日、混合セメント（高炉セメント、フライアッシュセメント）は7日とする。

考え方

1 コンクリートの養生

①コンクリートが、所要の品質（強度・劣化に対する抵抗性・ひび割れ抵抗性・水密性・美観など）を確保するためには、セメントの**水和**反応を十分に進行させる必要がある。したがって、打込み後の一定期間は、コンクリートを十分な**湿潤**状態と適当な温度に保ち、有害な作用（振動・衝撃・荷重・海水など）の影響を受けないようにしなければならない。そのための作業を、コンクリートの養生という。

②コンクリートの打上がり面は、日射や風の影響などによる水分の逸散を抑制するため、湛水・散水・十分に水を含む**湿布・養生マット**などを用いて、給水による養生を行う必要がある。このような作業は、湿潤養生と呼ばれている。

③コンクリートの露出面が固まらないうちに、散水やシート被覆を行うと、コンクリート表面の品質が低下し、仕上りが悪くなるおそれが生じる。上記のような湿潤養生は、コンクリート表面を荒らさずに作業ができる程度まで、コンクリートの硬化が進んで初期養生期間（24時間程度）が終わってから後期養生を開始する。

2 コンクリートの養生期間

①コンクリートの湿潤養生に必要な期間は、使用するセメントの種類や、養生期間中の日平均気温に応じて、下表のように定められている。

標準的な湿潤養生期間

セメントの種類／日平均気温	早強ポルトランドセメント	普通ポルトランドセメント	混合セメントB種
15℃以上	3日	5日	7日
10℃以上	4日	7日	9日
5℃以上	5日	9日	12日

②フライアッシュセメントや高炉セメントは、混合セメントB種に該当するもので、普通ポルトランドセメントに比べて、養生期間を**長く**する必要がある。混合セメントの硬化が遅い理由は、普通ポルトランドセメントの水和反応で生成された水酸化カルシウムを、混合セメント中に含まれている混和材が吸収した後に、硬化を開始するからである。

③気温が低いと、セメントの水和反応が進むのに時間がかかるので、セメントの種類が同じであっても、湿潤養生期間を長くとる必要がある。一般的な環境下では、気温15℃以上の条件であることが多いので、フライアッシュセメントや高炉セメントB種の湿潤養生期間は7日、普通ポルトランドセメントの湿潤養生期間は5日とすることが多い。

3 膜養生剤の使用

①コンクリート舗装などのように、広い面積に施工したコンクリートに対しては、ブリーディングの終了を待ってから、コンクリートの露出面に**膜養生**剤を散布・塗布すると、コンクリート露出面の乾燥を抑制することができる。

②膜養生剤の散布・塗布による乾燥の抑制効果は、膜養生剤の種類・使用量・施工環境・施工方法などによって異なる。そのため、目的・要求性能に応じた膜養生剤を選定し、所要の性能が確保できる使用量・施工方法などを、信頼できる資料・試験によって事前に確認しておく必要がある。

2-6　コンクリートの養生の施工上の留意点で不適当なものを２つ答えよ。

(1) コンクリートの硬化が始まるまでは日光の直射、風を防ぎ、水の散逸を防ぐ。
(2) 初期養生（24時間）後湿布、養生マット等に散水し湿潤状態で後期養生する。
(3) 水とセメントの水和反応は、温度が高いと遅く、低いと早いので、養生期間も異なる。
(4) 気温の低いときは、コンクリートの初期養生で生じる凍結を防止するため給熱養生を行い、コンクリートを乾燥させる。
(5) 気温の低いときは後期養生では型枠外部を被覆養生して保温を行う。

解答　(3)、(4)

ポイント解説

(3)：水和反応は気温が高いと反応速度は速く、低いときは遅くなるので養生日数も気温が低いと長くする。

(4)：初期養生中の凍結を防止するたAE剤の使用や給熱養生を行い湿潤状態を保つ。

考え方

コンクリートの養生方法は、気温によって変わる。しかし、次の点は共通している。
①コンクリートの強度が発現するまで、水和反応に必要な5℃以上の温度を確保する。
②養生中直射日光や風による影響を受けないようにする。
③コンクリート表面を湿潤状態に保ち、水和反応に必要な水分を確保する。

1 コンクリートを打ち込んだ後に、コンクリート表面が直射日光や風により乾燥すると、**ひび割れ**が発生するおそれがある。そのため、コンクリートが硬化を始めるまでは、直射日光や風などによる水分の逸散（いっさん）を防ぐ必要がある。また、コンクリートが有害な外部の影響を受けないよう、適当な温度と十分な**湿潤**状態を保つ必要がある。

2 コンクリートの硬化が十分に進むまでは、硬化に必要な温度を保つ必要がある。寒中においては低温を、暑中においては高温を、その他の状況においても急激な温度変化を受けることがないよう、養生時の温度を制御する。
セメントの**水和**反応によるコンクリートの圧縮強度は、養生時のコンクリート温度や材齢に影響される。所定の圧縮強度を得るために必要な養生期間は、養生温度が高いと短くなり、養生温度が低いと長くなる。

3 日平均気温が4℃以下になりそうなときは、寒中コンクリートとしての施工が必要となる。寒中コンクリートの養生では、コンクリート打込み後の初期に**凍結**しないよう、型枠の周囲を断熱性の高い材料で覆い、所定の強度が得られるまで**保温**養生等を行う。

2-7 コンクリートの打継ぎの施工上の留意点で、不適当なものを2つ答えよ。

(1) 既設コンクリートとの水平打継目の打継ぎにおいて、既設コンクリート表面の汚れをワイヤブラシで除去し表面を平滑にした。
(2) 水平打継目の表面をワイヤブラシで粗面とし十分に水分を吸水させて打ち継いだ。
(3) 既設コンクリとの打継部のコンクリートが中性化や化学的侵食を受けた部分を撤去した。
(4) 断面修復時、発錆している鉄筋は防錆処理しプライマーを塗布し吸水させて後にポリマーセメントモルタルを打ち継いだ。
(5) 修復用のモルタルは、ポリマーセメントモルタルとした。

解答 (1)、(4)

ポイント解説

(1)：既設コンクリート表面の汚れでなくレイタンスをチッピング（斫り）又はワイヤーブラシにより除去し、コンクリート表面の粗骨材粒をあらわし粗面にする。

(4)：断面修復時ポリマーセメントモルタルを用いるときは、斫り後鉄筋を防錆処理し，十分に清掃し乾燥させ、プライマー（接着剤）を塗布して後、乾燥状態でポリマーセメントモルタルを修復部に施工する。

考え方

1 コンクリートの打継面は、水平打継目・鉛直打継目・伸縮打継目に分類される。コンクリートを打ち継ぐときは、打継目の分類に関係なく、打継面の**レイタンス**（コンクリートの表面に浮き出た軟弱層）や緩んだ骨材を取り除く必要がある。その後、コンクリートの表面に十分**吸水**させるか、モルタルにより打継目を仕上げる必要がある。

2 水平打継目でコンクリートを打ち継ぐときは、ワイヤブラシなどを用いて表面のレイタンスや緩んだ骨材粒を完全に取り除く。その後、表面を粗にして十分**吸水**させてから、新しいコンクリートを打ち継いで一体化させる。

3 鉛直打継目でコンクリートを打ち継ぐときは、チッピング（コンクリートの表面を斫ること）により鉛直打継面を粗にして水洗いする。その後、鉛直打継面にモルタルまたは湿潤面用エポキシ樹脂を塗布してから、新しいコンクリートを打ち継ぐ。また、打ち継いだコンクリートが硬化する直前には、再振動締固めを行い、表面に生じたひび割れをタンピングにより閉じる必要がある。鉛直打継目は、水平打継目とは異なり、容易に一体化しないことに注意が必要である。

4 伸縮打継目でコンクリートを打ち継ぐときは、その両側にある構造物が相互に絶縁されていなければならない。その絶縁方法は、アスファルトなどでコンクリートの付着を絶縁する方法と、ダウエルバー（鉄筋）を用いる方法に分類される。また、名前の通り、打継目が伸縮できなければならないので、打継目には伸縮可能なシール材を充填する。伸縮打継目には、漏水を防止するため、銅・ステンレス・プラスチック・ゴムなどから成る止水板を伸縮打継目の両側にかけ渡し設ける必要がある。

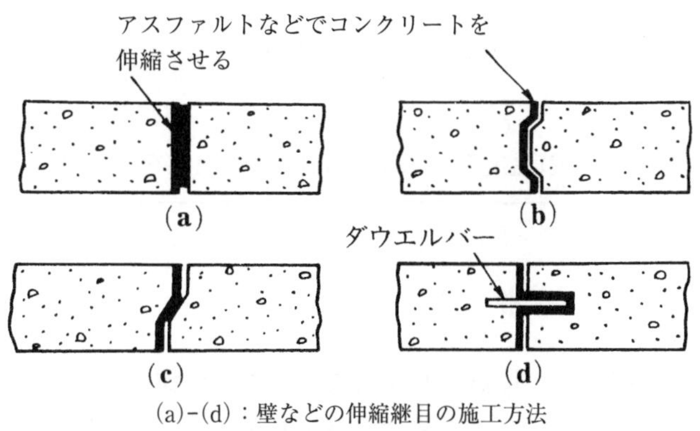

(a)-(d)：壁などの伸縮継目の施工方法

伸縮打継目（伸縮目地）

5 水和熱や乾燥収縮などによるひび割れの位置を計画的に制御するため、コンクリート構造物には、設計図に定められた位置にひび割れ誘発目地を設ける必要がある。ひび割れ誘発目地は、断面を欠損させて人為的にひび割れを集中させる目地であり、それ以外の部材がひび割れることを防止する。ひび割れ誘発目地には、漏水を防止するため、止水板を設ける必要がある。

6 既設コンクリートに新たなコンクリートを打ち継ぐときは、事前に、膨張・凍害などが生じた部分や、アルカリシリカ反応・中性化・**化学的侵食**などにより劣化したコンクリートを撤去する。

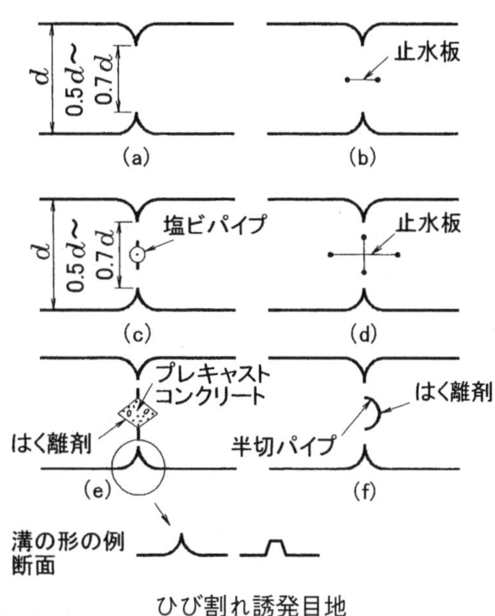

ひび割れ誘発目地

7 断面修復の施工手順は、「①発錆した鋼材の裏側までコンクリートを斫り取る→②鋼材の**防錆**処理を行う→③コンクリートの乾燥した打継面にプライマーを塗布する→④打継目に**ポリマー**セメントモルタルなどの樹脂系材料を充填して修復する」である。

2-8　コンクリートの構造物の施工上の留意点で不適当なものを２つ答えよ。

(1) コンクリートの打継目はせん断の大きい位置に設ける。
(2) かぶりを確保するためスペーサは鋼製の強度の高いものを用いる。
(3) 長期間大気に鉄筋をさらすときは、モルタル等の防錆処理をして、防水のためシートで覆う。
(4) コンクリートの型枠面に作用する側圧は、打上げ速さが速いほど、気温が低いほど大きい。
(5) コンクリートは、適度の温度と、一定期間は湿潤状態を保持する。

解　答　(1)、(2)

ポイント解説

(1)：コンクリートの打継目の位置はせん断力の小さい位置に設ける。
(2)：鉄筋のかぶりを確保するためスペーサはモルタル製かコンクリート製を用いる。錆が発生する鋼製スペーサは用いない。

考え方

1 コンクリートの打継目

①コンクリート構造物の継目（施工目地）は、原則として、設計図書において定められた位置に設けなければならない。
②設計図書の通りに打継目を設けられない場合は、せん断力の**小さい**位置に設けることを原則とする。打継目は、コンクリート構造物の弱点となるため、大きなせん断力が働く箇所に設けると、打継目からコンクリートが破壊されるおそれがある。
③一例として、梁の途中に打継目を設ける場合は、下図のように、梁の中央付近に設ける。やむを得ず、せん断力が大きい位置（梁の端部など）に打継目を設けるときは、溝・ほぞ・鉄筋などを用いて補強する。

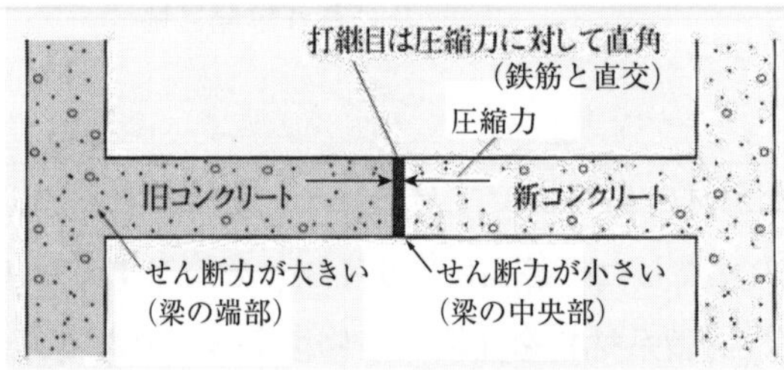

鉄筋コンクリート梁の打継目（打継目の位置と方向）

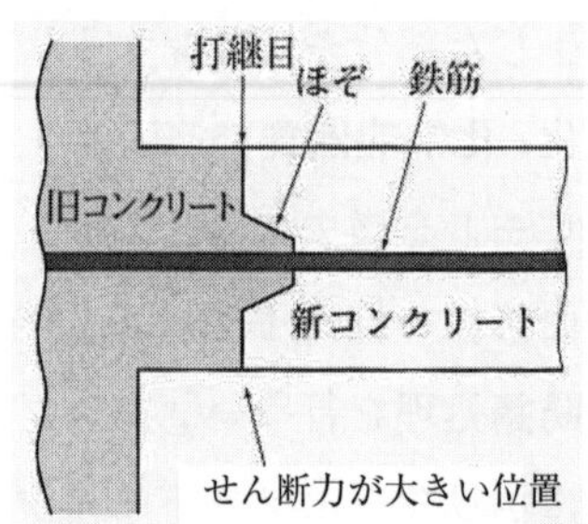

鉄筋コンクリート梁の打継目
（端部に打継目を設ける場合）

2 スペーサの配置

①スペーサは、鉄筋を支持し、所要のかぶり（コンクリート表面から鉄筋表面までの最小距離）を確保するための材料である。コンクリートの中性化等による鉄筋の錆を防止するため、鉄筋のかぶりは、鉄筋の直径に施工誤差を加えた値以上とすることが一般的である。

②スペーサは、部材の設計基準強度と同等以上の強度を有する材料で製作する。

スペーサ（一般的な物）

③型枠に接するスペーサは、モルタル製またはコンクリート製とする。このような場所に鋼製のスペーサを使用すると、防錆処理をしないと錆が発生するおそれがある。

④床版のスペーサは、$1m^2$ あたり 4 個を配置する。梁・柱・壁のスペーサは、$1m^2$ あたり 2 個〜4 個を配置する。

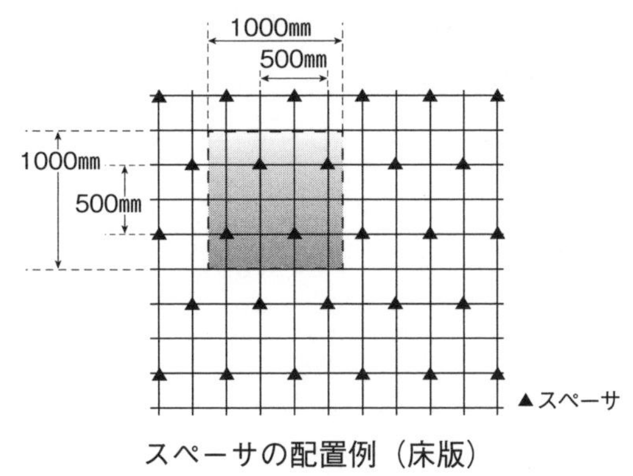

スペーサの配置例（床版）

3 長時間放置する鉄筋の防錆処理

①鉄筋をコンクリートで覆わずに、長時間大気に曝しておくと、錆が発生する。鉄筋を長時間放置しておくときは、その表面にセメントペーストを塗布するなどの**防錆**処理を行うか、エポキシ樹脂などの高分子材料またはシートで被覆し、鉄筋表面を大気に触れさせないための対策を講じる必要がある。

4 コンクリートの側圧

①コンクリート打込み時に、型枠に作用するコンクリートの側圧は、コンクリート温度が低いほど**大きく**なる。寒中コンクリートの施工では、コンクリートの硬化が遅くなり、流動性が高い状態が長時間続くため、型枠に大きな側圧が作用するので、十分な注意が必要となる。

②型枠に作用するコンクリートの側圧は、次の図のような条件を満たすと、大きくなる。

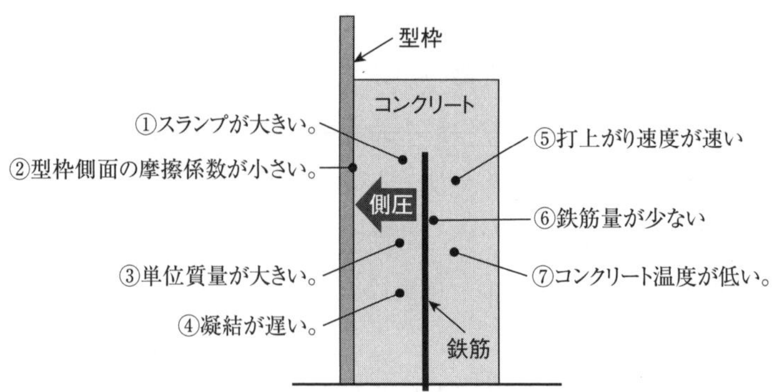

※コンクリートの圧縮強度の大小は、側圧に影響しない。

コンクリートの側圧
(型枠に作用する側圧が大きくなる条件)

5 コンクリートの養生

①コンクリートの打込み後は、コンクリートの水和反応を促進させるため、コンクリート面を湿潤状態に保たなければならない。これを、コンクリートの湿潤養生という。

②コンクリートの湿潤養生中は、適切な養生温度を保たなければならない。

③コンクリートの湿潤養生中は、外力や振動などの有害な作用を受けないよう、コンクリートを静置しなければならない。

第3章 品質管理基礎能力・管理知識

3-1 品質管理の要約

(1)

土工の品質管理	
■管理項目	規定内容
①工法規定方式	発注者が試験施工に基づき、まき出し厚さと転圧回数を求め仕様書に定めて発注する。受注者は仕様書に基づき施工する。
②品質規定方式	発注者が締固め度、飽和度、又は空気間隙率を仕様書に定め、受注者が管理基準を決めて、受注者が責任施工する。

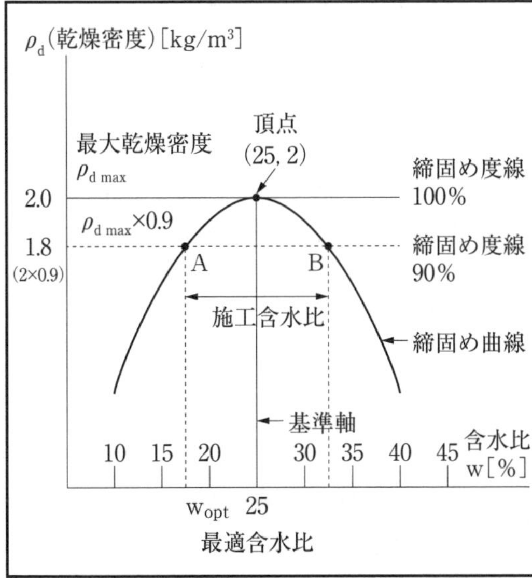

締固め曲線

(2)

コンクリート工の品質管理	
■管理項目	生コン受入検査
①スランプ	許容差内（±1、±1.5、±2.5cm）
②空気量	許容差内±1.5%
③塩化物含有量	0.3kg/m^3 以下
④強度	強度は3回の平均値は呼強度を下回らない、3回のうちどの1回も呼び強度の85%以上
■管理項目	非破壊試験
①強度	テストハンマ
②鉄筋圧接	超音波探傷試験
③ひび割れ	AE（アコースティックエミッション）
④かぶり、鉄筋径、鉄筋間隔	電磁波レーダー法（大型構造物）電磁誘導法（一般構造物）
⑤浮き、はく離	サーモグラフィ法（赤外線法、打音法）

■型枠取り外し部位	圧縮強度
①フーチング側面	3.5N/mm^2
②柱、梁、壁側面	5.0N/mm^2
③スラブ、梁、底面	14.0N/mm^2

3-2 品質管理のポイント

施工の分類	テーマ	項目		品質管理のポイント
盛土の規定方式	1	(1)	品質規定方式の規定項目	品質規定方式は、品質を発注者が仕様書に示し受注者にその施工方法を委ねるもので、受注者は、土質によって品質管理の基準を自分で設定し、試験で仕様書の要件を満たすようにする方式で、受注者は締固め度、飽和度、空気間隙率、変形量、盛土強度などを基準試験で選択して品質管理する。
		(2)	工法規定方式の規定項目	工法規定方式は、発注者が試験施工して、敷均し厚さ（まき出し厚さ）と締固め回数の2ツを規定する。受注者は、2ツの規定を満たすよう施工するため管理上発注者の仕様に従い施工する。
土の締固め規定	2	(1)	締固め度規定	品質規定方式の締固め度は受注者が管理基準を決めて品質管理する。
		(2)	試験頻度と管理基準	品質規定方式では受注者が試験頻度と管理基準を定めて管理する。
盛土の品質管理	3	(1)	粘性土と砂質土の品質規定	粘性土は飽和度か空気間隙率のいずれかで規定し、一般的な砂質土は締固め度で規定する。
		(2)	施工含水比	品質規定方式では締固め度規定によるものがほとんどで、盛土材料の含水比をRI計器で測定して、施工含水比以内を確認して施工する。
試験施工	4	(1)	試験施工と基準試験	発注者は試験施工で、まき出し厚さと締固め回数を定める。受注者は、基準試験で、締固め度、飽和度、変形量、強度等の管理基準を定める。
		(2)	基準試験の施工含水比の大きさ	基準試験で行う土の含水比は、最適含水比よりやや湿潤側で行う。(密度を確実に確保するため)

施工の分類	テーマ		項　目	品質管理のポイント
型枠支保工	5	(1)	型枠の取り外し	型枠の取り外し時期は、施工期間中に加わる荷重に対して必要な強度にコンクリートが達したときである。
		(2)	フーチングの側面の型枠の取り外し	フーチング側面の型枠の取り外し時期は、コンクリートの強度が $3.5N/mm^2$ 以上となった時である。
非破壊試験	6	(1)	圧縮強度の推定	テストハンマーによりコンクリートの圧縮強度が推定できるが、コンクリート表面の含水状態などにより影響を受ける。
		(2)	鉄筋径・間隔の推定	電磁波レーダー法やX線法で大型構造物の鉄筋径や間隔を測定し、電磁誘導法により中小構造物の鉄筋径や間隔が測定できる。
	7	(1)	コンクリートの浮きや剥れの推定	赤外線法（サーモグラフィ）は、平面の温度分布などからコンクリートやモルタルやタイルの浮きや剥れを推定できる。打音法は音の違いから推定する。
		(2)	鋼材の腐食の進行	電気化学的方法で鉄筋の腐食の進行状況を測定できる。
レディーミクスト受入検査	8	(1)	スランプ試験と空気量試験	①スランプ試験によって、スランプ値が所要の許容差、スランプ2.5±1cm、スランプ5及び8.5±1.5cm、スランプ8以上18以下±2.5cm、スランプ21±1.5cm、以内確認 ②空気量　指定値±1.5%以内確認
		(2)	塩化物含有量試験 圧縮強度試験	③塩化物イオン濃度　$0.3kg/m^3$ 以下 ④コンクリート圧縮強度 3回の平均値の圧縮強度が呼び強度以上でかつ、3回の各回の圧縮強が呼び強度の85%以上

3-3 品質管理基礎能力・管理知識問題・解説

3-1 盛土の規定方式に関する施工上の留意点で不適当なものを2つ答えよ。

(1) 締固め度は、基準試験の最大乾燥密度と最適含水を利用する品質規定方式である。
(2) 空気間隙率又は飽和度は、粘性土の品質規定方式で定める。
(3) 締め固めた土の強度や変形量で規定するのは工法規定方式である。
(4) 工法規定方式では測角・測距を同時に観測できるトータルステーションが用いられる。
(5) GNSS（人工衛星）を用いて、転圧回数を管理するのは品質規定方式である。

解 答 (3)、(5)

ポイント解説

(3)：締固め土の強度をコーン貫入試験や平板載荷試験で確認するのは品質規定方式である。

(5)：GNSSを用いて位置情報を用いてまき出し厚さや転圧回数をモニターで確認するのは工法規定方式である。

考え方

1 盛土の締固め管理

①盛土の締固め管理方式には、品質規定方式と工法規定方式がある。

品質規定方式：発注者が盛土の品質（強度・締固め度・飽和度など）を仕様書に示し、その管理方法は受注者自らが定める方式。

工法規定方式：発注者が試験施工を行い、適切な工法（締固め回数・転圧回数・施工機械の性能など）を受注者に指示する方式。

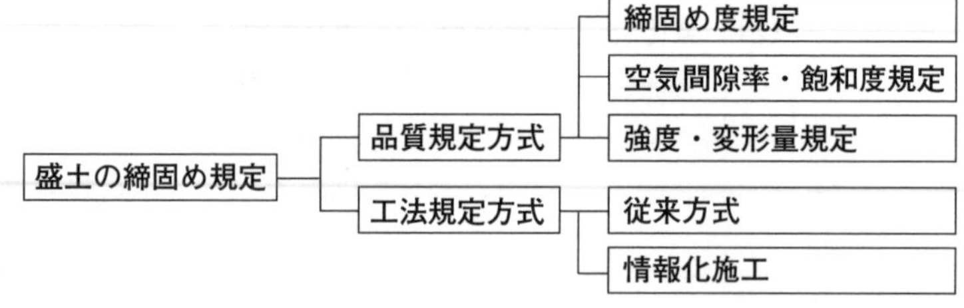

2 品質規定方式

①品質規定方式は、適用される盛土の性質等によって、「締固め度規定」「空気間隙率・飽和度規定」「強度・変形量規定」の3つの方法に分類される。

②締固め度規定は、砂質土を用いた盛土に適用されることが多い。締固め度規定では、土の締固め試験によって求めた最大乾燥密度と**最適含水比**を利用し、施工含水比の

範囲を定めた後、土の含水比がこの範囲に収まるように施工管理することで、所要の締固め度を確保する。

③空気間隙率・飽和度規定は、粘性土を用いた盛土に適用されることが多い。空気間隙率・飽和度規定では、締め固まった盛土の空気間隙率または**飽和度**による品質管理を行う。

④強度・変形量規定は、礫質土を用いた盛土に適用されることが多い。強度・変形量規定では、CBR 値・コーン指数・K 値（平板載荷試験で求めた値）などによって盛土の**強度**を確認するか、プルーフローリング試験などを行って盛土の変形量を確認する。

3 工法規定方式

①従来の工法規定方式は、締固め機械に据え付けられたタスクメータ（加速度センサーなどで機械の稼働時間や走行量などを計測する装置）などによって、どの程度の締固めが行われたかを管理することが一般的であった。

②近年では、測距・測角が同時に行える**トータルステーション**（TS）や、衛星測位システム（GNSS）を用いて、締固め機械の走行位置をリアルタイムで計測し、盛土のまき出し厚や**転圧回数**を管理する情報化施工が普及してきている。

情報化施工を活用した盛土の締固め管理（工法規定方式）

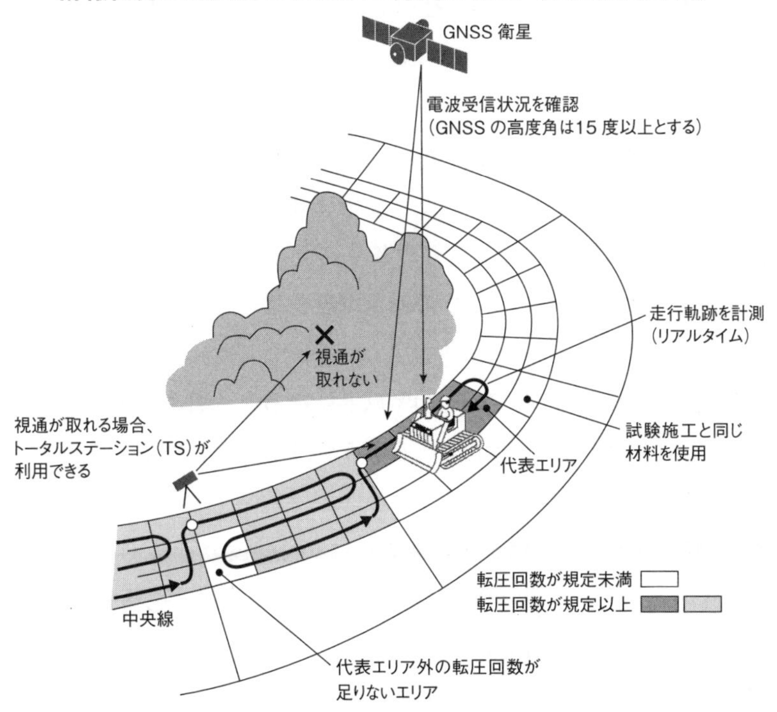

情報化施工における留意事項	●地形条件・電波障害・視通の有無などを事前に調査し、情報化施工システムの適用の可否を確認する。 ●試験施工でまき出し厚や転圧回数を決定した材料と、同じ土質の材料であることを確認する。 ●盛土施工範囲の全エリアについて、モニタに表示される転圧回数分布図の色が、規定回数だけ締め固めたことを示す色になることを確認する。（代表エリアの色だけを確認するようなことをしてはならない）

3-2　土の締固め管理する方法について、不適当なものを２つ答えよ。

(1) 品質規定方式では、発注者が品質を仕様書に規定する。
(2) 品質規定方式では締固め方法は発注者が指定する。
(3) まき出し厚さ、転圧回数を規定するのは工法規定方式である。
(4) 品質規定方式では、発注者が試験頻度と管理基準を定める。
(5) GNSS を用いる工法規定方式では位置と走行距離をリアルタイムで確認できる。

品質管理

解　答　(2)、(4)

ポイント解説

(2)：品質規定方式では締固め方法は受注者が定める。
(4)：試験頻度と管理基準を受注者が定めるのは品質規定方式である。

考え方

1 品質規定方式

①品質規定方式による締固め管理は、盛土などの品質を、発注者が**仕様書**に明示する品質管理方法である。施工方法については、**施工者**（受注者や請負者）が決定する。

②発注者は、盛土の支持力・変形量・締固め度・飽和度・空気間隙率などの品質を、仕様書に記述する。

③施工者は、土質調査・基準試験を行い、管理項目・**基準値**・試験頻度などの管理基準を、自らの判断で定める。どのような管理基準が適切かは、土質や部位によって異なるので、施工者は自らの品質管理基準に従って管理しなければならない。

④品質規定方式では、土質に応じた管理基準を、次のように定めることが一般的である。

- 一般的な砂質土は、締固め度が 90%以上になるよう管理する。
- 粘性土は、飽和度が 85%以上になるよう管理するか、空気間隙率が 10%以下になるよう管理する。
- 砂礫土（礫・玉石など）は、変形量または支持強度で管理する。その管理では、仕様書を基準として、平板載荷試験・コーン貫入試験・現場 CBR 試験・プルーフローリング試験などが行われる。

2 工法規定方式

①工法規定方式による締固め管理は、盛土などの施工方法を、発注者が仕様書に明示する品質管理方法である。

②発注者は、試験施工を行い、使用する締固め機械の機種・**まき出し厚**・締固め回数

（転圧回数）などを**仕様書**に記述する。

③施工者は、発注者が示した仕様書に書かれた方法で施工する。工法が規定されているので、施工者による管理は品質規定方式よりも容易である。

④工法規定方式による締固め管理では、トータルステーションや全球測位衛星システム（GNSS／Global Navigation Satellite System）を用いて締固め機械の**走行位置**をリアルタイムで計測し、締固め機械の走行軌跡をコンピュータの画面上に表示させることにより、盛土地盤の転圧回数を面的に管理することができる。

3-3 盛土の品質管理について不適当なものを2つ答えよ。

(1) 横軸に含水比、縦軸に乾燥密度をとり求める曲線は締固め曲線である。
(2) 締固め曲線の頂点の乾燥密度は最大乾燥密度である。
(3) 砂質土の締固め規定は飽和度又は空気間隙率により行う。
(4) 現場で施工した盛土の乾燥密度と最大乾燥密度との比が締固め度である。
(5) 施工含水比は、自然含水比を基準軸に定められる。

解 答 (3)、(5)

ポイント解説

(3)：粘性土の場合には締固め度でなく、飽和度又は空気間隙率で定める。砂質土は締固め度で規定する。

(5)：施工含水比は最適含水比を基準軸とし、締固め曲線と、締固め度線との交点間の範囲として求める。

考え方

1 最大乾燥密度・乾燥密度・締固め度

盛土を施工するときは、盛土材料の基準試験として土の締固め試験を実施し、盛土材料の基準軸となる最適含水比(w_{opt})[%]と**最大乾燥密度**(ローデーマックス)($\rho_{d\,max}$)[g/cm^3]を求める。

次に、盛土材料を一定の力で締め固め、盛土材料の含水比（w)[%]と盛土施工後の乾燥密度(ρ_d)[g/cm^3]を測定する。

盛土施工後の乾燥密度(ρ_d)を、基準試験で求めた最大乾燥密度($\rho_{d\,max}$)で割った値が、盛土の**締固め度**(C_d)[%]となる。

$$C_d = \rho_d \div \rho_{d\,max} \times 100\%$$

2 盛土材料の締固め曲線と施工含水比の求め方

盛土施工後の乾燥密度を測定するときは、含水比が異なる5種類～8種類の供試体を作成し、各含水比における乾燥密度を求める。それらのデータを、縦軸に乾燥密度(ρ_d)、横軸に含水比(w)を取ったグラフに、点(w, ρ_d)としてプロットする。この点を曲線で結ぶと、このグラフの頂点である点(w_{opt}, $\rho_{d\,max}$)から**最大乾燥密度**($\rho_{d\,max}$)と最適含水比(wopt)が得られる。この曲線を、**締固め曲線**という。

盛土の締固め度(C_d)は、90%以上でなければならないので、0.9×$\rho_{d\,max}$となる位置に締固め度線を引く。盛土の品質管理は、その含水比が、締固め曲線と締固め線が交差する2つの点を結ぶ範囲内（次の図の含水比のaとbの間）となるように行う。この含水比の範囲は、**施工含水比**と呼ばれる。

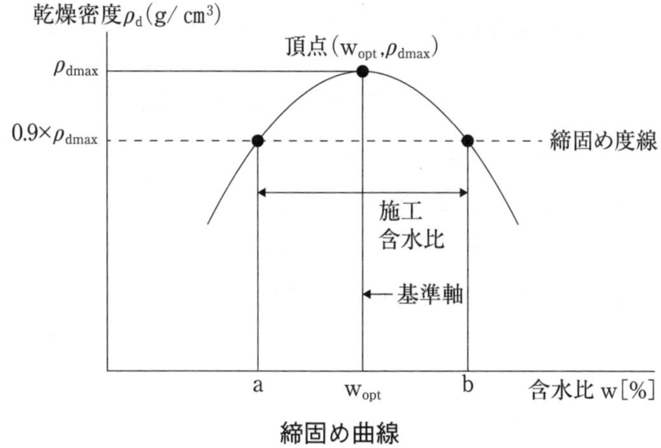

締固め曲線

3 盛土の２つの締固め規定方式

盛土の締固め規定は、建設機械の種類・締固め回数・敷均し厚さなどを指定する工法規定方式と、盛土の締固め度・飽和度などを指定する品質規定方式に分類される。施工含水比を指定する締固め規定は、品質規定方式である。

3-4 盛土の施工試験と基準試験について、不適当なものを２つ答えよ。

(1) 発注者の行う施工試験は、盛土の品質性能を満す施工条件を定めるために行う。
(2) 受注者の行う基準試験は一般に着手後に直ちに行い、材料の品質性能を確認する。
(3) 発注者の行う施工試験では、建設機械の適性と性能を調査して選定する。
(4) 盛土の施工では、最適含水比より若干乾燥側の含水比を選んで施工する。
(5) 施工試験のまき出し厚さは2〜3種類程度選出してから一つを採用する。

解 答 (2)、(4)

ポイント解説

(2)：基準試験は、受注者が行うもので工事の着手前に使用する材料等の品質確認を完了しておくものである。

(4)：盛土の施工では最適含水付近か又は最適含水比より若干高い湿潤側を選んで行う。これは乾燥側よりもローラによる押し込みが確実になるためである。

考え方

盛土の試験施工は、土工に関するものであるが、土工のうち、土工の品質については、土木一般でなく品質管理で取り扱われるようになってきた。また、コンクリート工のうち、コンクリートの試験や受入検査は、品質管理で取り扱われるようになった。

最近は、ヒストグラム、管理図、品質管理の手順といった、統計的な手法から、土工、コンクリート工、舗装工の品質特性に関する問題へとシフトしている。

1 試験施工は、本施工を行う前に小規模な施工を行って、設計で想定した盛土の要求性能を確保できるかを事前に把握するため、あるいは設計で想定した盛土の要求性能を確保できる**施工**条件を定めるために実施する。
工事期間内において施工の**着手前**および施工中に随時行われる試験施工は、施工の細部についての適応性を試みる必要がある場合に行われるもので、本工事の中で各施工の**着手前**に材料の比較や良否の判定、**建設機械（使用機械）**の適性及び施工方法について事前に試験施工を試みるものである。

2 標準的な締固め試験施工の実施方法については、工事区間の代表的な材料を使用する。土の締固め含水比は自然含水比とし、調整が可能であれば突固め試験の**最適含水比**付近や**最適含水比**より湿潤側の含水比など、2〜3種類を選ぶ。**まき出し厚は、建設機械（使用機械）**及び予想している施工能率を考えて2〜3種類程度選定する。締固め回数については、10数回程度で締固めが完了するようにする。

3-5　コンクリート型枠支保工の取り外し時期について不適当なものを2つ答えよ。

(1) 型枠支保工は、コンクリートの自重に耐えられるまで取り外してはならない。
(2) 型枠支保工は、施工後に加わる荷重を受けるのに必要な強度に達するまで外さない。
(3) 型枠支保工の取り外す時期と順序は、コンクリート強度、構造物の重要度、部材等で異なる。
(4) フーチングの側面の型枠の取り外せる時期は，コンクリートの圧縮強度が 5.0N/mm² 以上である。
(5) 型枠支保工取り外し直後に載荷するときは、コンクリート強度と作用荷重を考慮する。

解　答　(2)、(4)

ポイント解説

(2)：型枠支保工の取り外し時期は施工後でなく施工期間中に加わる荷重に対して必要な強度に達した後である。
(4)：フーチング側面の型枠取り外し時期はコンクリートの圧縮強度が 3.5N/mm² 以上となった後である。

考え方

1 型枠・支保工の取外しの条件

①鉄筋コンクリート構造物の型枠および支保工は、コンクリートがその**自重**および**施工期間中**に加わる荷重を受けるのに必要な強度に達するまでの間は、取り外してはならない。

②上記の「必要な強度」としては、コンクリート標準示方書において、「型枠および支保工を取り外してよい時期のコンクリート圧縮強度の参考値」が、下表のように示されている。

部材面の種類	部材の例	圧縮強度の参考値
厚い部材の鉛直面 厚い部材の鉛直に近い面 傾いた上面 小さいアーチの外面	フーチングの側面	**3.5**N/mm²
薄い部材の鉛直面 薄い部材の鉛直に近い面 45°より急な傾きの下面 小さいアーチの内面	柱の側面 壁の側面 梁の側面	5.0N/mm²
橋・建物などのスラブ 橋・建物などの梁 45°より緩い傾きの下面	スラブの底面 梁の底面 アーチの内面	14.0N/mm²

2 型枠・支保工の取外しの時期・順序

①型枠・支保工の取外しの時期・順序は、次のような事項を考慮して決定する。

- コンクリートの強度
- 構造物の種類（河川・鉄道・道路など）
- 構造物の**重要度**
- 部材の種類（基礎・柱・梁など）
- 部材の大きさ
- 部材が受ける荷重
- 施工環境（気温・天候・風通しなど）

②型枠・支保工を取り外すときは、比較的荷重を受けない部分を最初に取り外し、その後に残りの重要な部分を取り外すことが一般的である。

- 柱・壁などの鉛直部材の型枠は、スラブ・梁などの水平部材の型枠よりも早く取り外すことを原則とする。
- 梁の両側面の鉛直型枠は、梁の底板の水平型枠よりも早く取り外してよい。

3 鉄筋コンクリート構造物への載荷における留意点

①型枠および支保工を取り外した直後の鉄筋コンクリート構造物は、コンクリートの圧縮強度が十分でない場合が多いので、不用意に重量物を載荷すると、ひび割れなどの損傷を受けるおそれがある。

②型枠および支保工を取り外した直後の鉄筋コンクリート構造物に載荷する場合は、コンクリートの強度・構造物の種類・作用荷重の種類・作用荷重の大きさなどを考慮し、鉄筋コンクリート構造物に有害なひび割れなどを発生させないようにする。

③-6 非破壊検査による品質管理で不適当なものを２つ答えよ。

(1) コンクリート強度を推定する反発度法は、コンクリート表面の含水状態の影響を受けない。
(2) 打音法は、コンクリートの浮きや空隙箇所などの把握ができる。
(3) 電磁波レーダー法は、主に中小の規模の構造物のかぶり厚さや鉄筋径を求める。
(4) X線法は電磁波レーダー法より、鉄筋の直径を調べるのに優れている。
(5) 赤外線法は、表面温度の分布状況から、浮きや剥離を推定できる。

解答 (1)、(3)

ポイント解説

(1)：テストハンマーに強度の推定では、コンクリートの表面の含水状態によって影響を受ける。

(3)：電磁波レーダー法は性能が優れているので主に大型構造物のかぶりや鉄筋間隔等を調べ、中小の構造物には電磁誘導法が主に用いられる。

考え方

1 コンクリート構造物の主な非破壊検査方法と、各非破壊検査により推定できるコンクリートの品質特性は、下表の通りである。

非破壊検査方法	推定できる品質特性
反発度法（テストハンマーを用いる方法）	圧縮強度（コンクリートの**含水**状態は、圧縮強度に大きな影響を与える）
電磁誘導法（鋼材の磁性やコンクリートの誘電性を利用する方法）	鉄筋の位置・径・かぶり、コンクリートの含水率（小型構造物用）
弾性法（超音波法・打音法・衝撃弾性波法・AE法など）	圧縮強度、弾性係数、ひび割れ深さ、剥離、**浮き**、空隙、グラウト充填度、部材厚さ
電磁波レーダ法（X線法・サーモグラフィ法・赤外線法など）	**鉄筋の位置**・径・**かぶり**、ひび割れ深さ、浮き、PCグラウト充填度（大型構造物用）、**温度**分布（サーモグラフィ法・赤外線法のみ）
電気化学的方法（自然電位法・分極抵抗法など）	鉄筋の腐食傾向・腐食速度、コンクリートの電気抵抗
光ファイバスコープ法	コンクリート内部の状態、グラウトの充填状態

3-7　コンクリート構造物の非破壊試験で不適当なものを2つ答えよ。

(1) 反発度法は、コンクリートのひび割の状態を確認するためにテストハンマを用いる。
(2) 赤外線法では、コンクリートの浮きやはく離を推定するために用いる。
(3) X線法は、透過したX線の分布状態から、鉄筋の位置や径を検出するのに用いる。
(4) 電磁誘導法は、鉄筋が密になるような場合、その間隔を確認するために用いる。
(5) 自然電位法は、電位の傾向を把握し、鋼材の腐食の進行状況を判断する。

品質管理

解答　(1)、(4)

ポイント解説

(1)：テストハンマはコンクリートの強度を推定するもので、ひび割れは、AE（アコースティックエミッション）を用いて判断する。

(4)：電磁誘導法では密な鉄筋の間隔は測定できないのでX線法や電磁波レーダ法を用いて推定する。

考え方

1 鉄筋工の受入れ検査では、最初に材料の受入れ検査を行う。その後、下記の項目について検査を行う。

①鉄筋の種類（強度）
②鉄筋の**径**（寸法）
③鉄筋の**長さ**（寸法）
④鉄筋の数量

2 鉄筋工の組立て検査では、コンクリートを打ち込む前に、下記の項目について検査を行う。

①鉄筋相互が、堅固に結束されていること
②鉄筋の交点の要所が、直径0.8mm以上の焼きなまし鉄線で緊結されていること
③使用した焼きなまし鉄線の端材が**かぶり**内に残っていないこと（目視で検査する）
④鉄筋の本数、鉄筋の配置間隔、鉄筋の径
⑤折曲げの位置、継手の位置、重ね継手の長さ
⑥鉄筋相互の位置および間隔、型枠内での支持状態が、設計図書の精度に合致していること
⑦継手部分を含めたいずれの位置においても、最小のかぶりが確保されていること

3 **ガス圧接継手の外観検査では、下記の項目について検査を行う。**

①圧接部の膨らみの直径と**長さ**（ふくらみは直径の1.4倍以上、ふくらみ長さは直径の

1.1 倍以上）

②圧接面のずれ（直径の 1/4 以下）

③圧接部の折れ曲がり（2° 以下）

④圧接部における鉄筋中心軸相互の**偏心量**（直径の 1/5 以下）

⑤たれ・過熱・その他有害と認められる欠陥

鉄筋のガス圧接部における圧接面の内部欠陥は、**超音波探傷**検査により調べる。

非破壊検査法	測定対象	測定項目
テストハンマー強度試験	強度	反発度
電磁誘導法	鉄筋の位置、鉄筋直径、かぶり、コンクリートの含水率	鉄筋の磁性
打音法 超音波法 衝撃弾性波法 AE（アコースティック・エミッション）	浮き、空隙 ひび割れ深さ 部材厚さ、空隙 ひび割れの発生状況	打撃音受振波特性 超音波伝播特性 打撃の弾性波特性 AE 波特性
X 線法 電磁波レーダ法 赤外線法（サーモグラフィック）	鉄筋位置、径、かぶり、空隙 鉄筋位置、かぶり厚 浮き、はく離、空隙、ひび割れ	透過率 比誘電率 熱伝導率
自然電位法 分極抵抗法 四電極法	鋼の腐食傾向 鋼の腐食速度 コンクリートの電気抵抗	電位差 分極抵抗差 比抵抗率

3-8 レディーミクストコンクリート受入検査について不適当なものを2つ答えよ。

(1) コンシステンシーはスランプ試験で求めたスランプ値だけで判断できる。
(2) コンクリートのプラスティシティーはスランプ試験で、ある程度の判断ができる。
(3) コンクリートのワーカビリティは、コンクリートのコンシステンシーで判断できる。
(4) スランプ値5cm以上8cm未満の受入許容差は±2.5cmである。
(5) 単位水量〔kg/m^3〕は加熱乾燥法、エアメータ法、静電容量法などで推定できる。

解答 (3)、(4)

ポイント解説

(3)：ワーカビリティはコンシステンシー（スランプ値）の他プラスティシティ（コンクリートの粘りで材料分離抵抗性）などを総合的に判断する。

(4)：スランプ8cm以上～18cm以下のときの許容差は±2.5cmで、5cm以上8cm以下のスランプの許容差は±1.5cmである。

考え方

1 コンクリートのワーカビリティー

アジテータから荷卸されたコンクリートを採取して、スランプ試験を行い、コンクリートの流動性である**コンシステンシー**（スランプ値）を測定し、スランプ値測定後のコンクリートの側面をコンクリート突棒で軽打して、コンクリートのくずれ方を見る。図のように、山が分離しないとき、プラステックな状態、山がくずれ、粗骨材が分離するときは、材料分離しやすい状態である。こうした考えから、コンクリートの施工性を表す、**ワーカビリティー**は、**コンシステンシー**や**プラスティシティー**の他、仕上げの容易さを表すフィニッシャビリティーの性能を代表するものである。数値化できるのはスランプのコンシステンシーだけで、他の性能は目視により判断する。流動化コンクリートのコンシステンシーはスランプフローで表示する。

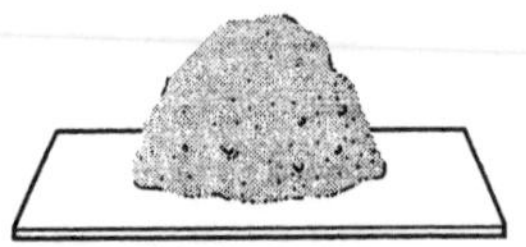

プラステックな状態
（粘着力があり、施工しやすい）

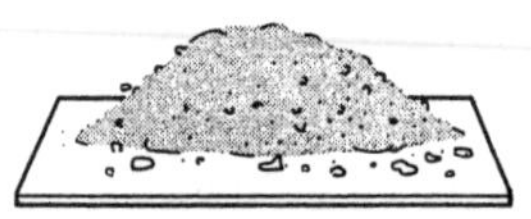

プラステックではない状態
（粘着力がなく、施工しにくい）

2 スランプの判断基準

指定した値	スランプ許容差
2.5	± 1cm
5および6.5	± 1.5cm
8以上18以下	± 2.5cm
21	± 1.5cm

スランプフロー	スランプフローの許容差
50	± 7.5cm
60	± 10cm

3 レディーミクストコンクリート受入検査

(1) 圧縮強度……圧縮強度試験

(2) スランプ……スランプ試験

(3) スランプフロー……スランプフロー試験

(4) 空気量……空気量試験（空気室圧力試験、空気量質量試験）

(5) 塩化物含有量……塩化物含有量試験

(6) 水セメント比……洗い分析法

(7) **単位水量……加熱乾燥法、減圧乾燥法、エアメータ法**

(8) 単位容積質量……単位容積質量試験

第4章 安全管理基礎能力・管理知識

4-1 安全管理の要約

(1)

■車両系建設機械
①接触防止
②運行経路確保
③事前調査
④運転手離脱措置
⑤用途外使用禁止
⑥ヘッドガード
⑦誘導者
⑧不同沈下

(2)

■墜落災害防止
①作業主任者選任
②作業床と防網
③安全帯(墜落制止用器具)
④点検作業
⑤手すり高さ 85cm
⑥型枠荷重 150kg/m^2
⑦足場荷重 400kg
⑧型枠水平つなぎ2方向 2m 以内ごと

(3)

■明り掘削
①土止め支保工点検7日以内
②鋼矢板根入れ 3m 以上
③圧縮材突合せ継手
④地山掘削作業主任者
⑤照明設備で照度保持
⑥悪天候・地震の後点検
⑦事業者が点検者を指名
⑧切梁と火打ち梁は突き合せ緊結

(4)

■各種安全対策
①型枠支保工 3.5m 以上計画の届出
②足場作業開始前点検
③掘削面高さ 2m 以上作業主任者選任
④酸欠場所に空気呼吸器人数分設置
⑤高所作業車指揮者選任
⑥高さ 3m 以上投下設備と監視人
⑦高さ 5m 以上の鉄骨解体に解体等作業主任者選任

4-2 安全管理のポイント

施工の分類	テーマ	項目		安全管理のポイント
車両系建設機械災害防止	1	(1)	事業者の作業計画	①車両系建設機械の種類と能力の選定 ②運行経路の安全確保 ③安全な作業方法の設定
		(2)	車両系建設機械の用途外使用禁止	バックホウをクレーンの代替えとするなど、原則として用途外使用は禁止されている。
車両系建設機械災害防止	2	(1)	ヘッドガード・シートベルトの確認	岩石の落下の危険性のおそれのある箇所での作業前に、ヘッドガード、シートベルト、転倒時保護装置等を確認する。
		(2)	運転席の離脱	運転席を離脱するとき、バケット等を地上におろし、ブレーキをかけ、エンジンを切ってペダルをロックする。
墜落による危険防止	3	(1)	高所からの墜落災害防止	高さ 2m 以上の高所で作業を行うときは、作業床を設ける。
		(2)	足場の点検	足場は作業の開始前に点検し、不具合の箇所は直ちに補修する。
型枠・足場の組立・解体作業の安全	4	(1)	型枠の載荷荷重に対する設計	コンクリートのスラブ型枠への荷重 150kg/m² を載荷して安全であるよう型枠支保工を設計する。
		(2)	足場の手すりの高さ	単管足場の作業床の手すりの高さは 85cm 以上、幅木は 10cm 以上、枠組足場の手すりの高さは 85cm、幅木は 15cm 以上とする。
土止め止保工の組立の安全	5	(1)	土止め支保工の組立	土止め支保工の組立において、圧縮材の継手は、原則として突き合せ継手とする。ただしコーナの火打ちの継手は、重ね合せ継手とする。
		(2)	土止め支保工の点検	土止め支保工の点検は 7 日を超えないごとに行う。大雨・中震以上の地震の後には点検を行う。
明り掘削作業の安全	6	(1)	土止め支保工の設置	土止め支保工は、明り掘削による危険がある場所には設けなければならない。
		(2)	高さ 2m の地山の掘削の作業主任者の選任	高さ 2m 以上の地山掘削するとき、事業者は、地山の掘削作業主任者を選任して作業を直接指揮させなければならない。

施工の分類	テーマ	項　目		安全管理のポイント
型枠支保工・土止め支保工の安全	7	(1)	型枠支保工の設備の届出	支柱の高さ3.5m以上の型枠支保工を設置しようとする事業者は、設置30日前までに設置の計画の届出を労働基準監督署長に提出する。
		(2)	重要な土止め壁の根入れ深さ	重要な土止め壁の鋼矢板の根入れ深さは3.0m以上とし、親杭横矢板工法の親杭の根入れ深さは1.5m以上とする。
各種作業の安全対策	8	(1)	作業指揮者の報告	作業指揮を選任しても労働基準監督署長への報告の必要がない。
		(2)	高所からの物体の投下	高さ3m以上から物体を投下しようとする者は投下設備として、ダストシュート等を設け、監視人を置く。

4－3 安全管理基礎能力・管理知識問題・解説

4－1 車両系建設機械による労働災害防止について不適当なものを２つ答えよ。

(1) 労働者が車両系建設機械に接触するおそれのある箇所に、立入禁止措置として安全柵を設けた。
(2) 車両系建設機械の運行経路の選定は作業主任者に計画させた。
(3) 車両系建設機械の運行経路について、地盤の不同沈下を防止する措置をした。
(4) 車両系建設機械のバックホウで、荷づり作業を兼用するよう計画した。
(5) 運転者が運転位置を離れるときは、バケットを地上におろし、原動機を止め、ブレーキをかけた。

解 答 (2)、(4)

ポイント解説

(2)：運行経路は事業者が計画しなければならない。
(4)：原則として、バックホウは掘削機でクレーンによる荷づり作業を行わせてはならない。主たる用途以外に使用しない。

考え方

車両系建設機械による労働者の災害防止のために、事業者が実施すべき安全対策については、労働安全衛生規則の第152条～第171条に定められている。

1 車両系建設機械の接触の防止（労働安全衛生規則第158条）

事業者は、車両系建設機械を用いて作業を行うときは、運転中の車両系建設機械に**接触**することにより労働者に危険が生ずるおそれのある箇所に、労働者を立ち入らせてはならない。ただし、誘導者を配置し、その者に当該車両系建設機械を誘導させるときは、この限りでない。

車両系建設機械の接触の防止（立入禁止措置）

安全管理

2 車両系建設機械の転落等の防止等（労働安全衛生規則第 157 条）

事業者は、車両系建設機械を用いて作業を行うときは、車両系建設機械の転倒又は転落による労働者の危険を防止するため、当該車両系建設機械の**運行経路**について、路肩の崩壊を防止すること・地盤の**不同沈下**を防止すること・必要な幅員を保持することなど、必要な措置を講じなければならない。

事業者は、路肩・傾斜地等で、車両系建設機械を用いて作業を行う場合において、当該車両系建設機械の転倒又は転落により労働者に危険が生ずるおそれのあるときは、誘導者を配置し、その者に当該車両系建設機械を誘導させなければならない。

事業者は、路肩・傾斜地等であって、車両系建設機械の転倒又は転落により運転者に危険が生ずるおそれのある場所においては、転倒時保護構造を有し、かつ、シートベルトを備えたもの以外の車両系建設機械を使用しないように努めるとともに、運転者にシートベルトを使用させるように努めなければならない。

3 車両系建設機械の運転位置から離れる場合の措置（労働安全衛生規則第 160 条）

事業者は、車両系建設機械の運転者が運転位置から離れるときは、当該運転者に次の措置を講じさせなければならない。

一　バケット・ジッパー等の作業装置を地上に下ろすこと。

二　**原動機**を止め、かつ、走行ブレーキをかける等、車両系建設機械の逸走を防止する措置を講ずること。

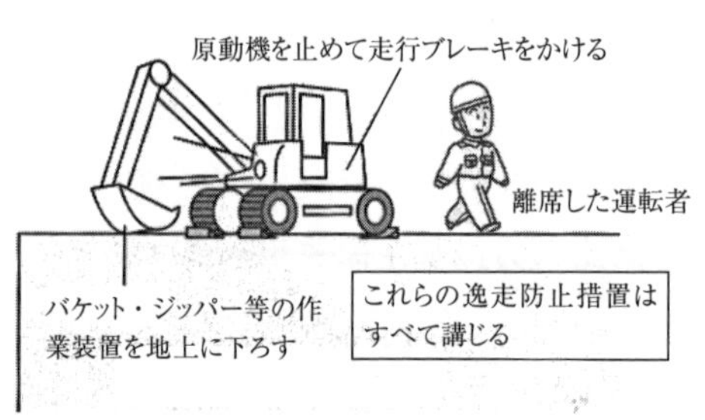

車両系建設機械の逸走防止
（運転位置から離れる場合の措置）

4 車両系建設機械の主たる用途以外の使用の制限（労働安全衛生規則第 164 条）

事業者は、車両系建設機械を、パワーショベルによる荷の吊り上げ・クラムシェルによる労働者の昇降等、当該車両系建設機械の主たる**用途**以外の**用途**に使用してはならない。

4-2 車両系建設機による労働災害防止について、不適当なものを2つ答えよ。

(1) 作業場所について、地形・地質の状態を調査する。
(2) 作業場所についての調査結果は記録しておく。
(3) 岩石の落下するおそれのある箇所では堅固なヘッドガードのある機械でも使用できない。
(4) 運転席を離れるときは、作業装置を安全な高さまで下ろし、地上に下ろしてはならない。
(5) 構造上定められた安定度、最大使用荷重を超えないにする。

解答 (3)、(4)

ポイント解説

(3)：堅固なヘッドガードのある機械は岩石の落下するおそれの箇所で作業ができる。
(4)：運転手は運転席を離れるときは、バケットなどの作業装置は地上におろさなければならない。

考え方

車両系建設機械の安全基準については、労働安全衛生規則の第152条～第171条を中心に定められている。

1 車両系建設機械のヘッドガード（労働安全衛生規則第153条）

事業者は、岩石の落下等により労働者に危険が生ずるおそれのある場所で、車両系建設機械（ブルドーザー・トラクターショベル・ずり積機・パワーショベル・ドラグショベル・解体用機械）を使用するときは、当該車両系建設機械に、堅固な**ヘッドガード**を備えなければならない。

2 車両系建設機械の調査及び記録（労働安全衛生規則第154条）

事業者は、車両系建設機械を用いて作業を行うときは、当該車両系建設機械の転落や、地山の崩壊等による労働者の危険を防止するため、あらかじめ、当該作業に係る場所について、地形・**地質**の状態等を調査し、その結果を**記録**しておかなければならない。

3 車両系建設機械の作業計画（労働安全衛生規則第155条）

事業者は、車両系建設機械を用いて作業を行うときは、あらかじめ、労働安全衛生規則第154条の規定による調査により知り得たところに適応する作業計画を定め、かつ、当該作業計画により作業を行わなければならない。その作業計画は、次の事項が示されているものでなければならない。

一　使用する車両系建設機械の**種類及び能力**

二　車両系建設機械の**運行経路**

三　車両系建設機械による**作業の方法**

事業者は、この作業計画を定めたときは、車両系建設機械の運行経路及び車両系建設機械による作業の方法について、関係労働者に周知させなければならない。

4 車両系建設機械の接触の防止（労働安全衛生規則第 158 条）

事業者は、車両系建設機械を用いて作業を行うときは、運転中の車両系建設機械に接触することにより労働者に危険が生ずるおそれのある箇所に、労働者を立ち入らせてはならない。ただし、誘導者を配置し、その者に当該車両系建設機械を誘導させるときは、この限りでない。当該車両系建設機械の運転者は、誘導者が行う誘導に従わなければならない。

5 車両系建設機械の合図（労働安全衛生規則第 159 条）

事業者は、車両系建設機械の運転について誘導者を置くときは、一定の**合図**を定め、誘導者に当該合図を行わせなければならない。車両系建設機械の運転者は、その合図に従わなければならない。

6 車両系建設機械の運転位置から離れる場合の措置（労働安全衛生規則第 160 条）

事業者は、車両系建設機械の運転者が運転位置から離れるときは、当該運転者に次の措置を講じさせなければならない。

一　バケット・ジッパー等の作業装置を**地上に下ろす**こと。

二　原動機を止め、かつ、走行ブレーキをかける等、車両系建設機械の**逸走を防止**する措置を講ずること。

7 車両系建設機械の使用の制限（労働安全衛生規則第 163 条）

事業者は、車両系建設機械を用いて作業を行うときは、転倒及びブーム・アーム等の作業装置の破壊による労働者の危険を防止するため、当該車両系建設機械について、その構造上定められた安定度・**最大使用**荷重等を守らなければならない。

8 車両系建設機械のブーム等の降下による危険の防止（労働安全衛生規則第 166 条）

事業者は、車両系建設機械のブーム・アーム等を上げ、その下で修理・点検等の作業を行うときは、ブーム・アーム等が不意に降下することによる労働者の危険を防止するため、当該作業に従事する労働者に、**安全支柱・安全ブロック**等を使用させなければならない。

9 車両系建設機械の定期自主検査／1 年に 1 回検査する事項（労働安全衛生規則第 167 条）

事業者は、車両系建設機械については、1 年以内ごとに 1 回、定期に、次の事項について**自主検査**を行わなければならない。ただし、1 年を超える期間使用しない車両系建設機械の当該使用しない期間においては、この限りでなく、その使用を再び開始する際に、次の事項について自主検査を行うものとする。

一　圧縮圧力・弁隙間その他原動機の異常の有無

二　クラッチ・トランスミッション・プロペラシャフト・デファレンシャルその他動力伝達装置の異常の有無

三　起動輪・遊動輪・上下転輪・履帯・タイヤ・ホイールベアリングその他走行装置の異常の有無

四　かじ取り車輪の左右の回転角度・ナックル・ロッド・アームその他操縦装置の異常の有無

五　制動能力・ブレーキドラム・ブレーキシューその他ブレーキの異常の有無

六　ブレード・ブーム・リンク機構・バケット・ワイヤロープその他作業装置の異常の有無

七　油圧ポンプ・油圧モーター・シリンダー・安全弁その他油圧装置の異常の有無

八　電圧・電流その他電気系統の異常の有無

九　車体・操作装置・ヘッドガード・バックストッパー・昇降装置・ロック装置・警報装置・方向指示器・灯火装置及び計器の異常の有無

10 車両系建設機械の定期自主検査／1月に1回検査する事項（労働安全衛生規則第168条）

事業者は、車両系建設機械については、1月以内ごとに1回、定期に、次の事項について自主検査を行わなければならない。ただし、1月を超える期間使用しない車両系建設機械の当該使用しない期間においては、この限りでなく、その使用を再び開始する際に、次の事項について**自主検査**を行うものとする。

一　ブレーキ・クラッチ・操作装置・作業装置の異常の有無

二　ワイヤロープ・チェーンの損傷の有無

三　バケット・ジッパー等の損傷の有無

四　特定解体用機械にあっては、逆止め弁・警報装置等の異常の有無

4-3 墜落等による危険防止について不適当なものを2つ答えよ。

(1) 高さ1.8m以上で作業を行うときは作業床を設けなければならない。
(2) 作業床の手すりを外すときは防網を張って安全帯（墜落制止用器具）を使用させた。
(3) 作業床で作業するときは安全帯（墜落制止用器具）を使用させる。
(4) 足場の点検は作業終了後において実施しなければならない。
(5) 安全帯（墜落制止用器具）および取付け設備の異常の有無は随時点検する。

解答 (1)、(4)

ポイント解説

(1)：高さ2m以上の高所で作業を行うときは作業床を設けなければならない。
(4)：足場の点検は作業の開始前に行う。作業終了後の点検の規定は定められていない。

考え方

墜落等による危険を防止するための事業者の責務については、労働安全衛生規則の第518条～第533条に定められている。

1 作業床の設置（労働安全衛生規則第518条）

事業者は、高さが**2m**以上の箇所（作業床の端・開口部等を除く）で作業を行う場合において、墜落により労働者に危険を及ぼすおそれのあるときは、足場を組み立てる等の方法により、**作業床**を設けなければならない。
事業者は、上記の規定により**作業床**を設けることが困難なときは、**防網**を張り、労働者に**安全帯**を使用させる等、墜落による労働者の危険を防止するための措置を講じなければならない。

2 囲い等の設置（労働安全衛生規則第519条）

事業者は、高さが2m以上の作業床の端・開口部等で、墜落により労働者に危険を及ぼすおそれのある箇所には、囲い等（囲い・手すり・覆いなど）を設けなければならない。

事業者は、上記の規定により、囲い等を設けることが著しく困難なとき又は作業の必要上臨時に囲い等を取り外すときは、防網を張り、労働者に安全帯を使用させる等、墜落による労働者の危険を防止するための措置を講じなければならない。

3 安全帯等の取付け設備等（労働安全衛生規則第521条）

事業者は、高さが2m以上の箇所で作業を行う場合において、労働者に安全帯等を使用させるときは、安全帯等を安全に取り付けるための設備等を設けなければならない。

事業者は、労働者に**安全帯**等を使用させるときは、**安全帯**等及びその取付け設備等の異常の有無について、**随時点検**しなければならない。

④－4　型枠支保工、足場の取付け作業で不適当なものを２つ答えよ。

(1) スラブ型枠に $1m^2$ につい き 100kg の荷重を加えた荷重に耐えられるよう設計した。
(2) 型枠支保工に鋼管を用いる場合には高さ 2m 以内ごとに水平つなぎを両方向に設ける。
(3) 鋼管足場の作業床には、高さ 75cm 以上の手すりを設けた。
(4) 鋼管足場の建地間の積載荷重は 400kg を限度に作用させてよい。
(5) 枠組足場の場合の水平材は、最上層と 5 層以内ごとに水平材を設ける。

解　答　(1)、(3)

ポイント解説

(1)：スラブ型枠 $1m^2$ につき 150kg の荷重を加えた鉛直荷重に耐えるように設計する。
(3)：鋼管足場（単管足場）の手すりの高さは 85cm 以上とし、35～50m に中桟、高さ 10cm の幅木を取り付ける。

考え方

1 型枠支保工の設計では、型枠支保工が支える物の重量に相当する荷重に、型枠 $1m^2$ につき **150kg**以上の荷重を加えた荷重を、設計荷重とする。これは、支柱などに生じる応力が、その材料の設計応力の値を超えないようにするためである。また、鋼管枠を支柱とする型枠支保工の設計では、その上端に設計荷重の 2.5％に相当する水平荷重がかかっても安全な構造とする。鋼管枠以外を支柱とする型枠支保工の設計では、その上端に設計荷重の 5％に相当する水平荷重がかかっても安全な構造とする。

2 パイプサポート以外から成る型枠支保工の構造は、次の通りとする。

①高さ 2m 以内ごとに、**水平つなぎ**を 2 方向に設ける。そして、水平方向の変位を防止する。

②型枠の上端に梁・大引きを載せるときは、型枠の上端に鋼製の端板を取り付け、梁・大引きを端板に固定する。

③鋼管枠を支柱とする場合、最上層および 5 層以内ごとに、布枠を設ける。その布枠は、交差筋交いの方向に設ける。

3 型枠支保工には、著しい損傷・変形・腐食があるものを**使用してはならない**。型枠支保工の組立て等作業主任者は、材料・器具・工具に欠陥がないかどうかを点検し、不良品があれば、それを取り除かなければならない。また、作業の方法を決定し、作業を直接指揮すると共に、作業中の安全帯・保護具などの使用状況を監視しなければならない。

4 鋼管足場の作業枠には、高さ **85cm** 以上の手すり、高さ 35cm～50cm の中桟、高さ 10cm

以上の幅木を、すべて設けなければならない。

5 鋼管足場の作業床は、幅**40cm**以上、隙間3cm以下とする。また、建地と作業床との間隙は、12cm未満とする。この他、高所作業では、次のような措置を講じなければならない。

①高さが2m以上となる作業場所には、作業床を設ける。

②吊り足場・張出し足場及び高さが5m以上となる足場の組立・変更・解体をするときは、**足場の組立て等作業主任者**を選任する。

③足場の組立・変更・解体をする労働者は、**特別の教育を修了した者**とする。

④防網を張るなどの作業をするために手すりを取り外したときは、その作業の終了後、直ちに取り外した手すりを元に戻す。

6 鋼管足場の建地間の積載荷重は、**400kg**を限度とする。

7 枠組足場では、最上層および5層以内ごとに、**水平材**を設ける。

4-5　土止め支保工の組立について、不適当なものを２つ答えよ。

(1) 土止め支保工の組立図には部材の配置、寸法、材質、取付けの時期と順序を示す。
(2) 圧縮材は、重ね合せ継手を原則とする。
(3) 切梁と火打梁の接続部は溶接又はボルトで緊結する。
(4) 中震以上の地震の後には、土止め支保工を点検する。
(5) 通常、土止め支保工の点検は作業開始前に実施する。

解　答　(2)、(5)

ポイント解説

(2)：切梁と火打梁は共に圧縮材である。圧縮材の継手は原則として突合せ継手とする。
(5)：土止め支保工の点検は７日以内ごとに行う。

考え方

土止め支保工の安全管理については、「労働安全衛生規則」第２編「安全基準」第６章「掘削作業等における危険の防止」第二款「土止め支保工」（第368条～第375条）に規定されている。

1 材料（労働安全衛生規則第368条）

事業者は、土止め支保工の材料については、**著しい損傷、変形又は腐食**があるものを使用してはならない。

2 構造（労働安全衛生規則第369条）

事業者は、土止め支保工の構造については、当該土止め支保工を設ける箇所の地山に係る形状、地質、地層、き裂、含水、湧水、凍結及び埋設物等の**状態に応じた堅固なもの**としなければならない。

3 組立図（労働安全衛生規則第370条）

事業者は、土止め支保工を組み立てるときは、あらかじめ、**組立図**を作成し、かつ、当該組立図により組み立てなければならない。（第１項）

第１項の組立図は、矢板、くい、背板、腹おこし、切りばり等の部材の配置、寸法及び材質並びに取付けの時期及び**順序**が示されているものでなければならない。（第２項）

4 部材の取付け等（労働安全衛生規則第371条）

事業者は、土止め支保工の部材の取付け等については、次に定めるところによらなければならない。

一　切りばり及び腹おこしは、脱落を防止するため、矢板、くい等に確実に取り付けること。

二　圧縮材（火打ちを除く。）の継手は、**突合せ**継手とすること。

三　切りばり又は火打ちの**接続部**及び切りばりと切りばりとの交さ部は、当て板をあててボルトにより緊結し、溶接により接合する等の方法により堅固なものとすること。

四　中間支持柱を備えた土止め支保工にあっては、切りばりを当該中間支持柱に確実に取り付けること。

五　切りばりを建築物の柱等部材以外の物により支持する場合にあっては、当該支持物は、これにかかる荷重に耐えうるものとすること。

5 切りばり等の作業（労働安全衛生規則第 372 条）

事業者は、土止め支保工の切りばり又は腹起こしの取付け又は取り外しの作業を行うときは、次の措置を講じなければならない。

一　当該作業を行う箇所には、関係労働者以外の労働者が立ち入ることを禁止すること。

二　材料、器具又は工具を上げ、又はおろすときは、**つり綱、つり袋等**を労働者に使用させること。

安全管理

6 点検（労働安全衛生規則第 373 条）

事業者は、土止め支保工を設けたときは、その後７日をこえない期間ごと、**中震**以上の地震の後及び大雨等により地山が急激に軟弱化するおそれのある事態が生じた後に、次の事項について点検し、異常を認めたときは、直ちに、補強し、又は補修しなければならない。

一　部材の損傷、変形、腐食、変位及び脱落の有無及び状態

二　切りばりの**緊圧**の度合

三　部材の**接続部**、取付け部及び交さ部の状態

7 土止め支保工作業主任者の選任（労働安全衛生規則第 374 条）

事業者は、土止め支保工の切りばり又は腹起こしの取付け又は取り外しの作業については、地山の掘削及び土止め支保工作業主任者技能講習を修了した者のうちから、**土止め支保工作業主任者**を選任しなければならない。

8 土止め支保工作業主任者の職務（労働安全衛生規則第 375 条）

事業者は、土止め支保工作業主任者に、次の事項を行わせなければならない。

一　作業の方法を決定し、作業を直接指揮すること。

二　材料の欠点の有無並びに器具及び工具を点検し、不良品を取り除くこと。

三　安全帯等及び保護帽の使用状況を監視すること。

4-6 明り掘削の安全作業について、不適当なものを２つ答えよ。

(1) 明り掘削作業では、照明設備を設置して必要な照度を保持しなければならない。

(2) 明り掘削作業では、作業前に点検者を指名しその日の作業を開始する前に点検させる。

(3) 明り掘削等による危険がある場所に土止め支保工を設けてはならない。

(4) 掘削面の高さが 1m 以上の場合、地山の掘削作業指揮者を選任する。

(5) 掘削面の高さが 5m 以上であったが機械掘削であったので作業主任者の選任をしなかった。

安全管理

解答 (3)、(4)

ポイント解説

(3)：明り掘削による危険がるある場所には、土止め支保工を設けなければならない。

(4)：明り掘削（人力）における掘削面の高さが 2m 以上の場合、作業主任者を選任する。
機械による掘削では掘削面の高さが 2m 以上であっても選任しなくてよい。

考え方

1 明り掘削作業を行う場所には、照明設備等を設置し、必要な**照度**を保持する。

2 地山の崩壊、又は土石の落下による労働災害を防止するため、点検者を**指名**し、作業箇所及びその周辺の地山を、作業開始前に点検させる。

3 明り掘削作業で、地山の崩壊、又は土石の落下により労働災害が防止する必要があるときは、あらかじめ**土止め支保工**を設け、防網を張り、労働者の立入を禁止する措置を講じる。

4 掘削面の高さが**２メートル**以上となる地山の掘削の作業の場合、地山の**掘削作業主任者**を選任しなければならない。

4-7　各種安全作業について、不適当なものを２つ答えよ。

(1) 型枠支保工の高さが 2m 以上となったので、労働基準監督署長に届け出た。
(2) 足場での作業を開始する前に、足場の安全点検をした。
(3) 重要な土止壁であったので、鋼矢板を深さ 2m まで根入れした。
(4) 掘削面の高さが 2m 以上の明り掘削に地山の掘削作業主任者を選任した。
(5) 酸素欠乏危険作業では、労働者に空気呼吸器等を使用させた。

解答　(1)、(3)

ポイント解説

(1)：型枠支保工の設置の届出は高さ 3.5m 以上の場合に 30 日前までに労働基準監督署長に届け出る。

(3)：重要な土止壁の鋼矢板の最小根入れ深さは 3.0m 以上とする。親杭横矢板の H 鋼杭の最小根入れ深さは 1.5m 以上とする。

4-8　各種安全作業について、不適当なものを２つ答えよ。

(1) 高所作業車について、作業指揮者を定めたときは、労働基準監督署長に届け出る。
(2) 高所から物体を投下するとき、その高さが2m以上の場合に投下設備を設ける。
(3) 鉄筋コンクリート造の高さが5m以上であったので解体作業主任者選任した。
(4) ずい道の入口から1000m以上で掘削作業をする場所では、救護に関する資格者を選任する。
(5) 事業者は、土石流発生時の警報及び避難の方法を事前に定めておく。

解　答　(1)、(2)

ポイント解説

(1)：高所作業車での作業にあたり、作業指揮者を定めたときは、その届出の必要がない。
(2)：高さ3m以上の高所から物を投下するときは投下設備（ダストシュート等）を設け、かつ監視人を置く。

安全管理

第5章 施工計画・建設副産物基礎能力・管理知識

5-1 施工計画・建設副産物の要約

(1) ■施工計画	(2) ■建設リサイクル法	(3) ■建設副産物適正処理推進要項	(4) ■廃棄物処理法
①事前調査	①選別、破砕	①廃棄物処理	①排出事業者
②公衆の安全確保	②クラッシャラン	②搬出経路	②最終処分場
③施工管理業務分担	③路盤材	③標識、帳簿	③都道府県知事
④振動・騒音対策	④建設発生木材	④施設	④最終処分業者
⑤仮設工配置	⑤再生加熱アスファルト混合物	⑤マニフェスト	⑤5年間保存
⑥工程・原価・品質管理	⑥木材のチップ化	⑥下請負人	⑥コンテナ分別
⑦地盤沈下対策	⑦特定建設資材	⑦再生資源利用促進計画	⑦一般廃棄物容器
	⑧発注者への報告	⑧廃棄物の種類	⑧アスベスト湿潤化
			⑨安定型産業廃棄物
			⑩廃石こうボード

5-2 施工計画・建設副産物の管理のポイント

施工の分類	テーマ	項　目		管理のポイント
施工計画の立案	1	(1)	都市内工事の環境対策	都市内工事の環境対策の1つとして、公衆災害防止対策がある。現場に出入する車両と公衆との接触災害を防止する計画を立案する。
		(2)	施工計画の現場組織の検討	現場組織として、業務分担、命令系統、組織の編成の3つを記載する。
施工計画の安全対策	2	(1)	安全対策の計画の立案	安全計画の立案は、事前調査に基づき行い設計図書に適合することを確認する。
		(2)	シールド工事の計画	シールド工事の地盤沈下の安全対策としてシールド機からの過掘取り込みによる沈下防止計画を立案する。
特定建設資材の再資源化	3	(1)	コンクリート塊の再生資源化	コンクリート塊はクラッシャーランや粒度調整材料として上層路盤材料に使用する。
		(2)	建設発生木材の再生資源化	建設発生木材は、チップ化して後、紙の原料や堆肥、木質ボードとして利用し、この他燃料などに利用できる。
建設副産物の適正処理	4	(1)	廃棄物の分別	産業廃棄物は、安定型廃棄物とそれ以外の廃棄物とに分別する必要がある。
		(2)	再生資源利用促進計画	再生資源化の目標は再生資源利用促進計画に基づき再資源化して利用することが重要である。
建設副産物の適正処理	5	(1)	排出事業者	排出事業者とは元請業者のことで、作業を実施する下請負人のことでない。
		(2)	完了報告書の提出	廃棄物の再資化を完了した元請業者は、発注者に対して報告書提出する。
建設副産物の適正処理	6	(1)	対象建設工事の施工者が確保するもの	排出事業者は作業場所と搬出経路を確保しなければならない。
		(2)	元請業者の発注者への報告書の内容	元請業者は再資源化が完了したときの報告書には、再資源化の完了報告とそれに要した費用を併わせて記載する。

施工の分類	テーマ	項　目		管理のポイント
廃棄物処理	7	(1)	廃棄物処理処分の範囲	排出事業者は、マニフェストの交付から、最終処分の確認までの全工程を管理範囲とする。
		(2)	マニフェストの活用の報告	マニフェスト活用後の報告は排出事業者が都道府県知事に対して行う。
排出事業者の責務	8	(1)	一般廃棄物の処理	排出事業者は、現場事務所から排出する弁当がら等の一般廃棄物は市町村の基準に基づき処理する必要がある。産業廃棄物は自からの責任で適正処理する必要がある。
		(2)	アスベスト廃棄物処理	排出事業者は、アスベスト廃棄物を飛散しないよう、湿潤化、二重梱包等を行う。

5－3 施工計画・建設副産物基礎能力・管理知識問題・解説

5－1 施工計画の立案について、不適当なものを２つ答えよ。

(1) 施工計画は、設計図書および事前調査の結果に基づき行う。
(2) 都市内工事では、特に現場に出入する車両と労働者との接触災害防止の安全管理を中心におく。
(3) 現場における組織表には組織編成と命令系統を示し業務分担は示さない。
(4) 環境保全計画では騒音、振動、地盤沈下、悪臭などを考慮する。
(5) 仮設工の計画では、存置期間、配置する位置等を明確にする。

解　答　(2)、(3)

ポイント解説

(2)：都市内工事では、歩行者の接触災害防止などの公衆災害防止を安全管理の中心にして総合的に検討する。
(3)：現場組織には業務分担、命令系統、組織編成の３つを表記する。

考え方

施工計画を立案し、施工計画書を作成するときは、その施工における安全管理などについて留意しなければならない。具体的な留意事項は、次の通りである。

1 施工計画は、設計図書および**事前調査**の結果に基づいて検討し、安全管理を前提として施工における技術的な方法・工程管理・品質管理・環境対策などを考慮して立案しなければならない。

2 関係機関などとの協議が必要になる工事では、安全管理上必要な措置が、工程計画の制約条件となる場合が多い。工程管理と安全管理は、相反することも多いが、より重要なのは安全管理である。特に、都市内工事においては、**公衆**災害防止などの安全管理を重視する必要がある。

3 安全管理の体制を確立するためには、現場内の組織編成・**業務分担**・指揮命令系統などを明確にした施工体制台帳・施工体系図を作成する必要がある。また、災害などの非常時における連絡系統についても、施工計画書に記載する必要がある。

4 環境保全計画では、建設工事で発生する騒音・**振動**などについて、その抑制対策を明確にする必要がある。特に、典型七公害（環境の保全上の支障のうち、事業活動その他の人の活動に伴って生ずる相当範囲にわたる大気汚染・水質汚濁・土壌汚染・騒音・振動・地盤沈下・悪臭によって、人の健康・生活環境に係る被害が生ずること）の発生防止には注意しなければならない。また、地下水位の変動防止・土砂の飛散防止・建設副産物の適正処理などについても考慮しなければならない。

5 仮設工事の計画にあたっては、仮設物の設置目的を十分に把握し、現場状況を踏まえて、安全で能率よく作業が行える仮設物の形式・**配置**を考える必要がある。また、仮設物の残置期間についても、施工計画書に記載する必要がある。

6 現場で使用する機械・設備の計画・選定にあたっては、施工条件・機械能力・適応性・現場内地盤状況・工程面・安全面・環境影響などを、総合的に検討することが望ましい。

⑤-2　施工計画の立案について、不適当なものを２つ答えよ。

(1) 施工計画は安全性を前提として、工期、原価、品質の調和のとれたものとする。
(2) 安全対策は、設計図書に基づき行うもので、事前調査の結果を参考程度にして立案する。
(3) 都市内工事では、公衆災害防止のための安全管理体制を実現する。
(4) 環境保全計画の対象には、工事の騒音、振動がある。
(5) シールド工事においては、地盤沈下のおそれがないので、沈下の検討は行わなくてよい。

解　答　(2)、(5)

ポイント解説

(2)：安全対策の立案には、事前調査に基づく現地の状況を踏まえて設計図書に適合するよう行う。
(5)：シールド工事では土の取り入れ量が多すぎると、地盤沈下を生じるので、十分な検討が必要である。

考え方

1 施工計画は安全性を前提とするとき、工期（工程)、経済性（原価）及び**品質**の確保という３条件を調和させた最適計画を立案する。

2 安全施工の計画では、工事の安全施工という総合的な視点で作成し、設計図書及び**事前調査**の結果に基づいて立案する。特に都市内工事にあっては、歩行者、一般車両等の**公衆**災害防止を中心とした安全管理体制の確立に十分留意する。

3 環境保全計画では、**騒音**・振動、**地盤沈下**、地下水の変動、土砂の飛散、建設副産物の適正な処理などについて作業方法を十分検討する。

5-3　特定建設資材の再資源化について、不適当なものを２つ答えよ。

(1) コンクリートは、再資源化するため、破砕、選別、混合物の除去を行う。
(2) コンクリートはすべてクラッシャーランとして利用することが一般的である。
(3) コンクリートは路盤材料として利用を促進することができる。
(4) 建設発生木材は燃料とするためすべてチップ化される。
(5) アスファルト・コンクリートは、再生加熱アスファルト混合物として再資源化される。

解　答　(2)、(4)

ポイント解説

(2)：コンクリートは、クラッシャーランの他粒度調整して上層路盤材料として用いる。
(4)：建設発生木材はチップ化して、木質ボードや堆肥として利用され、チップ化しないものは炉に適する寸法にカットして燃料に用いる。

考え方

1 特定建設資材廃棄物

①特定建設資材とは、コンクリート・木材・その他の建設資材のうち、建設資材廃棄物となった場合におけるその再資源化が、資源の有効な利用および廃棄物の減量を図る上で特に必要であり、かつ、その再資源化が経済性の面において制約が著しくないと認められるものとして政令で定めるものをいう。

※「建設工事に係る資材の再資源化等に関する法律」上の定義

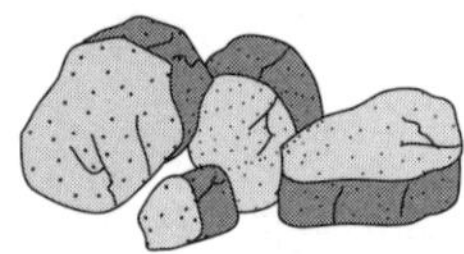
コンクリート

アスファルト・コンクリート

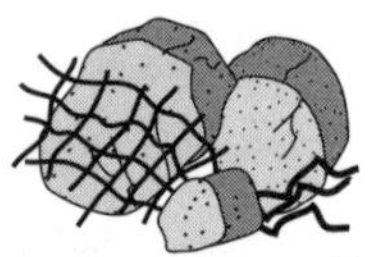
コンクリート及び鉄から成る建設資材

木材

特定建設資材の一覧

②特定建設資材廃棄物とは、特定建設資材が廃棄物となったものをいう。

2 再資源化等の促進のための具体的な方策

各種の特定建設資材廃棄物の再資源化等を促進するための具体的な方策については、「特定建設資材に係る分別解体等及び特定建設資材廃棄物の再資源化等の促進等に関する基本方針」において、次のように定められている。

①コンクリート塊については、破砕・**選別**・混合物除去・粒度調整等を行うことにより、再生**クラッシャーラン**・再生コンクリート砂・再生粒度調整砕石等として、道路・港湾・空港・駐車場・建築物等の敷地内の舗装の**路盤材**・建築物等の埋め戻し

材・基礎材・コンクリート用骨材等に利用することを促進する。

②**建設発生木材**については、チップ化し、木質ボード・堆肥等の原材料として利用することを促進する。これらの利用が技術的な困難性・環境への負荷の程度等の観点から適切でない場合には、燃料として利用することを促進する。

③アスファルト・コンクリート塊については、破砕・**選別**・混合物除去・粒度調整等を行うことにより、**再生加熱**アスファルト安定処理混合物・表層基層用**再生加熱**アスファルト混合物として、道路等の舗装の上層**路盤材**・基層用材料・表層用材料に利用することを促進する。また、再生骨材等として、道路等の舗装の路盤材・建築物等の埋め戻し材・基礎材等に利用することを促進する。

④特定建設資材以外の建設資材についても、それが廃棄物となった場合に再資源化等が可能なものについては、できる限り分別解体等を実施し、その再資源化等を実施することが望ましい。

施工計画・建設副産物

コンクリート塊の主な利用用途

再生資源（再生資材）	主な利用用途
再生クラッシャーラン	道路舗装およびその他舗装の下層路盤材料 土木構造物の裏込め材および基礎材 建設物の基礎材
再生コンクリート砂	工作物の埋戻し材料および基礎材
再生粒度調整砕石	その他舗装の上層路盤材料
再生セメント安定処理路盤材料	道路舗装およびその他舗装の路盤材料
再生石灰安定処理路盤材料	道路舗装およびその他舗装の路盤材料

建設発生木材の主な利用用途

建設発生木材（資材名）	主な利用用途
木材	木質ボードの原材料 堆肥の原材料 燃料 再生木質ボード 再生木質マルチング材
合板	
パーティクルボード	
集成材（構造用集成材）	
繊維板（インシュレーションボード）	
繊維板（MDF ／ Medium Density Fiberboard）	
繊維板（ハードボード）	

アスファルト・コンクリート塊の主な利用用途

再生資源（再生資材）	主な利用用途
再生クラッシャーラン	道路舗装およびその他舗装の下層路盤材料 土木構造物の裏込め材および基礎材 建設物の基礎材
再生粒度調整砕石	その他舗装の上層路盤材料
再生セメント安定処理路盤材料	道路舗装およびその他舗装の路盤材料
再生石灰安定処理路盤材料	道路舗装およびその他舗装の路盤材料
再生加熱アスファルト安定処理混合物	道路舗装およびその他舗装の上層路盤材料
表層・基層用再生加熱アスファルト混合物	道路舗装およびその他舗装の基層用材料及び表層用材料

5-4　建設副産物の適正な処理に関して、不適当なものを２つ答えよ。

(1) 元請業者は、特定建設資材の分別解体を適正に実施しなければならない。
(2) 元請業者および下請負人は、管理型産業廃棄物とそれ以外の廃棄物との分別に努める。
(3) 指定建設副産物を搬出する場合の分別は、再生資源利用計画に基づいて行う。
(4) 建設廃棄物の現場内保管は、分別した廃棄物の種類ごとに行う。
(5) 元請業者は、建設廃棄物の委託時に廃棄物の種類ごとに産業廃棄物管理票を交付する。

解　答　(2)、(3)

ポイント解説

(2)：管理型産業廃棄物でなく、安定型産業廃棄物とそれ以外と分別する。
(3)：再生資源利用計画でなく再生資源利用促進計画に基づいて一定規模以上の指定建設副産物を搬出するために再資源化する。

考え方

建設副産物適正処理推進要綱では、「分別解体等の実施」・「排出の抑制」・「処理の委託」について、次のように定められている。

1 事前措置の実施として、分別解体等の計画に従い、残存物品の搬出の確認を行うとともに、**特定建設資材**に係る分別解体等の適正な実施を確保するために、付着物の除去その他の措置を講じる。

2 分別解体等の実施として、正当な理由がある場合を除き、特定建設資材廃棄物（コンクリート・コンクリート及び鉄から成る建設資材・木材・アスファルトコンクリートが廃棄物となったもの）を、その**種類ごとに**分別することを確保するための適切な施工方法に関する基準に従い、分別解体を行うこと。

①建築物の解体工事の場合は、建築設備・内装材その他の建築物の部分（屋根ふき材・外装材及び構造耐力上主要な部分を除く）の取り外し、屋根ふき材の取り外し、外装材並びに構造耐力上主要な部分のうち基礎および基礎杭を除いたものの取り壊し、基礎及び基礎杭の取り壊しに関して、分別解体を行わなければならない。ただし、建築物の構造上その他解体工事の施工の技術上、これにより難い場合は、この限りでない。

②工作物の解体工事の場合は、柵・照明設備・標識その他の工作物に附属する物の取り外し、工作物のうち基礎以外の部分の取り壊し、基礎及び基礎杭の取り壊しに関

して、分別解体を行わなければならない。ただし、工作物の構造上その他解体工事の施工の技術上、これにより難い場合は、この限りでない。

③新築工事等の場合は、工事に伴い発生する端材などの建設資材廃棄物を、その種類ごとに分別しつつ工事を施工しなければならない。

3 **元請業者**および**下請負人**は、解体工事および新築工事等において、**再生資源利用**促進計画、廃棄物処理計画等に基づき、以下の事項に留意し、工事現場等において分別を行わなければならない。

①工事の施工に当たり、粉じんの飛散等により周辺環境に影響を及ぼさないよう適切な措置を講じること。

②一般廃棄物は、産業廃棄物と分別すること。

③**特定建設資材**廃棄物は確実に分別すること。

④特別管理産業廃棄物および再資源化できる産業廃棄物の分別を行うとともに、安定型産業廃棄物とそれ以外の産業廃棄物との分別に努めること。

⑤再資源化が可能な産業廃棄物については、再資源化施設の受入条件を勘案の上、破砕等を行い、分別すること。

4 **自主施工者**は、解体工事および新築工事等において、以下の事項に留意し、工事現場等において分別を行わなければならない。

①工事の施工に当たり、粉じんの飛散等により周辺環境に影響を及ぼさないよう適切な措置を講じること。

②特定建設資材廃棄物は確実に分別すること。

③特別管理一般廃棄物の分別を行うともに、再資源化できる一般廃棄物の分別に努めること。

5 施工者は、建設廃棄物の現場内保管に当たっては、周辺の生活環境に影響を及ぼさないよう廃棄物処理法に規定する保管基準に従うとともに、分別した廃棄物の**種類ごとに保管**しなければならない。

6 発注者・元請業者・下請負人は、建設工事の施工に当たっては、資材納入業者の協力を得て建設廃棄物の発生の抑制を行うとともに、現場内での再使用・再資源化・再資源化したものの利用並びに縮減を図り、工事現場からの建設廃棄物の排出の抑制に努めなければならない。

7 自主施工者は、建設工事の施工に当たっては、資材納入業者の協力を得て建設廃棄物の発生の抑制を行うよう努めるとともに、現場内での再使用を図り、建設廃棄物の排出の抑制に努めなければならない。

8 元請業者は、建設廃棄物を**自らの責任**において適正に処理しなければならない。処理を委託する場合には、次の事項に留意し、適正に委託しなければならない。

①廃棄物処理法に規定する委託基準を遵守すること。

②運搬については産業廃棄物収集運搬業者等と、処分については産業廃棄物処分業者等と、それぞれ個別に直接契約すること。

③建設廃棄物の排出に当たっては、**産業廃棄物管理票**（マニフェスト）を交付し、最終処分（再生を含む）が完了したことを確認すること。

5-5　建設副産物適正処理推進要項について不適当なものを２つ答えよ。

(1) 発注者は、発注にあたり建設副産物対策の条件を明示する。
(2) 発注者は、建設廃棄物の再資源化等に必要な経費を計上する。
(3) 排出事業者である下請負人は、資源の再資源化や処理を適正に行う。
(4) 元請業者は、建設副産物の発生が抑制されるように計画を作成しなければならない。
(5) 元請業者は、再資源化の処理を完了したときは、都道府県知事に報告する。

解　答　(3)、(5)

ポイント解説

(3)：排出事業者とは下請負人でなく、元請業者のことである。
(5)：再資源化完了報告は元請業者が発注者に対して行う。

考え方

建設工事の副産物である建設発生土・建設廃棄物の適正な処理等における発注者・元請業者・自主施工者・下請負人などの関係者の責務と役割については、建設副産物適正処理推進要綱において、次のように定められている。（建設副産物適正処理推進要綱から抜粋・一部改変）

1 工事の発注及び契約（建設副産物適正処理推進要綱第 12 条）

発注者は、建設工事の発注に当たっては、建設副産物対策の**条件**を明示するとともに、分別解体等および建設廃棄物の再資源化等に必要な**経費**を計上しなければならない。なお、現場条件等に変更が生じた場合には、設計変更等により適切に対処しなければならない。

2 発注者の責務と役割（建設副産物適正処理推進要綱第 5 条）

発注者は、建設副産物の発生の抑制や分別解体等、建設廃棄物の再資源化等および適正な処理の促進が図られるような建設工事の計画・設計に努めなければならない。発注者は、発注に当たっては、元請業者に対して、適切な費用を負担するとともに、実施に関しての明確な指示を行うこと等を通じて、建設副産物の発生の抑制や分別解体等、建設廃棄物の再資源化等および適正な処理の促進に努めなければならない。

3 元請業者および自主施工者の責務と役割（建設副産物適正処理推進要綱第 6 条）

元請業者は、分別解体等を適正に実施するとともに、**排出**事業者として建設廃棄物の再資源化等および処理を適正に実施するよう努めなければならない。

自主施工者は、分別解体等を適正に実施するよう努めなければならない。

4 工事着手前に行うべき事項（建設副産物適正処理推進要綱第13条）

元請業者は、工事請負契約に基づき、建設副産物の発生の**抑制**、再資源化等の促進および適正処理が計画的かつ効率的に行われるよう、適切な施工計画を作成しなければならない。施工計画の作成に当たっては、再生資源利用計画（搬入時）及び再生資源利用促進計画（搬出時）を作成するとともに、廃棄物処理計画の作成に努めなければならない。

自主施工者は、建設副産物の発生の抑制が計画的かつ効率的に行われるよう、適切な施工計画を作成しなければならない。施工計画の作成に当たっては、再生資源利用計画の作成に努めなければならない。

5 下請負人の責務と役割（建設副産物適正処理推進要綱第7条）

下請負人は、建設副産物対策に自ら積極的に取り組むよう努めるとともに、元請業者の指示および指導等に従わなければならない。

6 用語の定義（建設副産物適正処理推進要綱第3条）

発注者とは、建設工事（他の者から請け負ったものを除く）の注文者をいう。

元請業者とは、発注者から直接建設工事を請け負った建設業を営む者をいう。

自主施工者とは、建設工事を請負契約によらないで自ら施工する者をいう。

下請負人とは、建設工事を他の者から請け負った建設業を営む者と、他の建設業を営む者との間で、当該建設工事について締結される下請契約における請負人をいう。

5-6　建設副産物適正処理推進要項について不適当なものを２つ答えよ。

(1) 元請業者は対象建設工事の施工計画では、廃棄物処理計画を作成する。
(2) 対象建設工事の施工者は、事前措置として作業場所と最終処分場を確保しなければならない。
(3) 解体工事業者は、営業所や工事現場ごとに必要事項を記載した標識を掲げる必要がある。
(4) 解体工事業者は、営業所ごと帳簿を備えておく必要がある。
(5) 元請業者の発注者への完了報告書には再資源化等に要した費用は記載しない。

解　答　(2)、(5)

ポイント解説

(2)：事前措置として作業場所と最終処分場でなく作業場所と搬出経路の確保である。
(5)：発注者に提出する元請業者の完了報告書には、完了した年月日と供に再資源化等に要した費用を記載する。

考え方

1 事前調査事項

分別・解体すべき対象建築工事における事前に調査すべき事項は次のようである。

	調査事項	調査内容（の例）
①	建築物（工作物）の状況	築40年、母屋、納屋各１棟
②	周辺状況	病院隣接、住宅密集地
③	作業場所の状況	電線あり、機械の設置場所なし
④	搬出経路の状況	一部4m幅道路120m区間あり、高さ制限3.0m
⑤	付着物の有無	アスベスト240m^2付着
⑥	残存物品の有無	タンス、冷蔵庫各１
⑦	その他	特に有害物なし

2 着工までに実施する措置

	事前措置事項	実施内容
①	作業場所の確保	立ち木除却
②	搬出経路の確保	敷地内敷鉄板、2tトラック使用
③	その他	周辺住民周知済み

5-7 廃棄物処理法について、不適当なものを2つ答えよ。

(1) 排出事業者が交付したマニフェストは中間処理が完了するまで排出事業者が管理する必要がある。

(2) マニフェストに関する報告は排出事業者が発注者に対して報告する。

(3) 排出事業者はマニフェスト交付するとき、廃棄物の種類ごに交付する。

(4) 最終処分業者は、D票とE票を中間処理業者に送付する。

(5) マニフェストの保存期間は5年である。

解答 (1)、(2)

ポイント解説

(1)：中間処理完了でなく最終処分完了まで排出事業者が管理する。

(2)：排出事業者はマニフェストの処理の報告書は都道府県知事に対して行う。

施工計画・建設副産物

考え方

1 マニフェストは、排出**事業者**（元請負業者）が委託した産業廃棄物が、**最終処分**（中間処理して再資源化することも、埋立処分することも含む）されるまで管理することが義務付けられている。マニフェストは**5年間記録を保存**する。

2 マニフェストを交付した排出事業者は、年1回、事業者の業種、産業廃棄物の種類、排出量など、マニフェストに関する報告書を**都道府県知事**に提出する義務がある。

3 2次マニフェストは、中間処理業者が排出事業者となる。**最終処分業者**が埋立処分を終了した際には、C1′票を控えとし中間処理業者が保管し、C2′票は収集運搬業者に、D′票とE′票を中間処理業者に送付する。中間処理業者は排出事業者にD票とE票を送付する。

5-8	排出事業者の責務について不適当なものを２つ答えよ。

(1) 混合廃棄物の分別方法には、廃棄物の種類ごとにコンテナを設置する方法がある。
(2) 工事現場では一般廃棄物用の分別容器は必要でない。
(3) 特別管理産業廃棄物の分別として、アスベストは乾燥させ二重梱包とする。
(4) 有機物が付着した廃容器・廃石こうボード等は管理型産業廃棄物に分別する。
(5) 可燃性の建設廃棄物の保管場所には消火設備を設置する。

解 答 (2)、(3)

ポイント解説

(2)：工事現場では職員の弁当がらなどを分別するため一般廃棄物専用の容器を準備する。
(3)：アスベスト廃棄物は飛散しないよう湿潤化させ二重梱包とする。

考え方

1 責 務

①建設業を営む者の責務

a 建設工事の施工法を工夫することで、建設資材廃棄物を抑制する。

b 再資源化された建設資材を使用するように努める。

②発注者の責務

発注者は、建設工事について分別解体・再資源化に要する適正な費用を負担し、再資源化した建設資材の使用に努める。

2 元請業者の手続き

①対象建設工事の元請業者は、再資源化等の完了後、再資源化等に要した費用等を書面で発注者に完了報告書にまとめて報告し、再資源化等の実施状況に関する記録を作成、保存する。

②発注者は、再資源化が適正に行われなかったことを認めたとき、都道府県知事に申告し、措置をとるべきことを求めることができる。

③元請業者は、下請負契約にあたり、あらかじめ発注者が都道府県知事に分別解体の届け出た事項を**下請負人に告知**しなければならない。

④元請業者は対象建設工事の再資源化等が完了したときは完了報告書にまとめて**発注者に書面で報告**する。

［著　者］ 森 野 安 信

［編　者］ GET研究所

著者略歴

1963年 京都大学卒業

1965年 東京都入職

1978年 １級土木施工管理技士資格取得

1991年 建設省中央建設業審議会専門委員

1994年 文部省社会教育審議会委員

1998年 東京都退職

1999年 GET研究所所長

令和３年度　新出題分野　問題解説集
１級土木施工管理技術検定試験
第一次検定　基礎能力
第二次検定　管理知識

2021年４月30日　発行

発行者・編者	森　野　安　信 GET 研究所 東京都豊島区西池袋３－１－７ 藤和シティホームズ池袋駅前 1402 http://www.get-ken.jp/ 株式会社　建設総合資格研究社
編集・本文デザイン	有限会社ハピネス情報処理サービス
発売所	丸善出版株式会社 東京都千代田区神田神保町２丁目17番 TEL 03－3512－3256 FAX 03－3512－3270 http://www.maruzen-publishing.co.jp/
印刷・製本	株式会社オーディーピーセンター

ISBN978-4-909257-85-7 C3051

●内容に関するご質問は、弊社ホームページのお問い合わせ（https://get-ken.jp/contact/）から受け付けております。（質問は本書の紹介内容に限ります。）